| 만든 사람들 |

기획 _ 실용기획부
진행 _ 권현숙
집필 _ 박진영
표지디자인 _ 박혜진
편집디자인 _ 디자인 숲 • 이기숙

| 책 내용 문의 |

도서의 내용에 대한 궁금한 사항이 있으시면,
디지털북스 홈페이지의 게시판을 통해서 해결하실 수 있습니다.
디지털북스 홈페이지_www.digitalbooks.co.kr

| 각종 문의 |

영업 관련 : hi@digitalbooks.co.kr
기획 관련 : dgdookplan@digitalbooks.co.kr
Tel : 02-447-3157~8

건축·인테리어 스케치의 기초

박진영 저

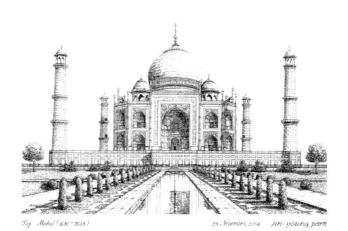

Taj Mahal (630~1653)　　　23. November, 2004　　jin-young, park

DIGITAL BOOKS

www.digitalbooks.co.kr

이 책을 시작하며

스케치(Sketch)라는 것은 기본적인 개념으로서 디자인, 즉 구상의 표현방법 중의 하나로써 아이디어의 발상단계에서 사용되는 일종의 밑그림(초벌그림)이라 할 수 있기 때문에 순간순간 떠오르는 이미지를 시각적으로 표현하는 기초적 단계이므로 디자이너의 가장 중요한 시각언어가 된다. 크게 아이디어 발상의 초기단계에서 기본적인 개념위주로 메모하듯 하는 Scratch Sketch(스크레치 스케치, Thumbnail Sketch : 섬네일 스케치)와 어떠한 형태에 대하여 기본적인 음영, 재질, 색채의 표현을 가미하여 개략적으로 그리는 Rough sketch(러프스케치), 그리고 보다 구체적인 형태나 재질, 패턴, 색채 등을 자세하게 그려서 묘사하는 Styling Sketch(스타일스케치)로 구분할 수 있다. 이들 중에서 보편적으로 실무적인 스케치를 위한 것으로는 개략적인 이미지의 표현에 음영이나, 질감, 색채 등을 표현하는 러프스케치가 주로 사용된다.

우리가 스케치를 배운다는 것은 바로 자신의 구상한 바를 어떻게 시각화하여 보여줄 것인가에 대한 하나의 감각적 테크닉을 배우는 것이지 디자인 자체를 배우는 것은 아니다. 사람의 감각이나 디자인적인 소양은 사람마다 다르다. 나름대로 표현하고자 하는 발상을 얼마만큼 효과적으로 전달하느냐의 문제이기 때문에 디자인을 위한 중요한 첫걸음이 되는 디자이너의 필수 기초과정이 바로 스케치의 테크닉을 키우는 것이다.

많은 실무자나 전공학생들은 발상의 표현을 위해 스케치를 배우려 하는데 그 접근이 쉽지 않은 것이 현실이다. 단지 소질이 없다는 이유로 무언가를 그려낸다는 것에 소홀하다보면 당연 자신이 원하는 디자인적인 발상을 표출할 수 없게 된다.

소질을 타고났다 해서 모두가 스케치를 잘하는 것도 아니고 특별한 교육을 받았다 해서 모두가 잘 그리는 것도 아니다. 단지 본인 스스로에게 잠재된 표현의 감각을 계발시키지 않았을 뿐이다. 그러한 이유로 많은 사람들이 전문학원이나 관련서적을 통해 그 해답과 요령을 찾고자 노력하고 있는 것이다.

모든 분야의 일들이 그렇듯이 기초적인 시작단계가 매우 중요하다. 스케치를 배우는 것도 마찬가지 기초적인 요령과 일정한 방법이 먼저 구축되어 있지 않으면 응용력을 키우기가 힘들다. 기초가 가장 중요하다는 것은 두말할 필요가 없을 것이다.

국내에 출간된 스케치 관련서적은 외국과는 달리 아직 그 수가 수요의 부응에 못 미칠 정도로 부족하고 대부분 작품집 형태의 교재가 많고 초보자가 기초를 다지기 위한 충분한 해설도 부족한 것이 사실이다. 게다가 그래픽 프로그램의 발달로 많은 작업을 컴퓨터에 의존하기 때문에 손의 느낌이 나는 디자인적인 시각 표현이 너무 정형화되는 현실도 안타까운 일이다. 아무리 컴퓨터의 기능이 수작업으로 만들어진 이미지와 흡사하게 묘사된다고 해도 진정한 디자인의 멋과 맵시의 느낌은 따라오지 못하는 것이고 현장에서 급박하게 돌아가는 돌발 상황에서는 바로 디자이너의 손에 의해 디자인이 창출된다는 것을 우리는 알아야 한다.

따라서 이 책은 건축이나 인테리어 관련 분야의 실무자나 이제 막 배우고자 하는 전공학생들에게 현장감 있는 스케치, 디자인의 구상표현을 위한 스케치 테크닉을 위한 책이다.

우선적으로 배워야 할 기초적인 표현능력과 형태를 인지하고 표현하는 비례적인 감각을 익힐 수 있도록 만들어주는 의도의 스케치 기초교재로서 필자가 실무자나 전공학생들에게 강의 경험을 토대로 불필요하거나 복잡한 도학적인 이론적 내용을 배제하고 스케치를 위한 기초실력을 다지기 위해 꼭 필요한 요소들만을 정리하여 묶었다. 아울러 쉬운 용어로 독자들의 이해를 돕기 위한 설명(잔소리)을 최대한 반영하였고, 사물의 형태와 기본적인 공간이 만들어지는 과정도 순서적으로 설명을 곁들여 구성하였다.

여러분들이 스케치를 배울 때 중요하게 인식해야 할 것은 어떤 사물을 그릴 때 세밀하게 관찰을 하고 형태를 분석하는 습관을 길러야 한다는 것이다. 즉 처음 그릴 때는 다소 디테일하게 묘사를 해보는 것이 좋다. 그러면 그 대상물에 대한 선의 느낌이나 형태 및 질감, 특징적인 요소가 머릿속에 저장되고, 여러 번 반복을 하게 되면 자연스럽게 그 대상물은 물론이고 유사한 다른 형상도 그려낼 수 있는 응용능력이 생기는 것이다. 그러한 훈련들이 누적이 되면 나중에는 자기도 모르는 사이에 빠른 손놀림이 생겨 현장감 있게 스케치를 구사할 수가 있을 것이다.

처음부터 너무 서두를 필요는 없다. 스케치의 왕도도 없다. 많이 그려보고 꾸준히 반복하는 것이 가장 좋은 방법이고, 그리고 느끼는 것이다. 이 책은 스케치를 처음부터 배우고자 하는 실무자나 전공학생들에게 성공적인 스케치능력을 향상시킬 수 있는 밑거름을 제공할 것이다.

성실한 마음으로 책을 만들었지만 미흡한 부분이 많아 이 글을 빌어 독자 여러분들께 양해를 구하며, 부족한 부분은 독자들의 아낌없는 격려에 힘입어 더 완성도 있는 교재로서 채워질 수 있는 계기가 되기를 희망한다.

끝으로, 이 책이 만들어지기까지 기회를 마련해 주신 디지털북스의 김양도 상무님과 집필에 많은 도움을 주신 편집관계자 여러분의 노고에 감사드리며 책의 집필에 전념할 수 있도록 아낌없는 배려를 해주신 어머니와 가족들에게도 감사의 뜻을 전한다.

박 진 영 드림

CONTENTS

Chapter 01

스케치의 기초
이것만은 알고 시작하자

이 단원에서는 스케치를 배울 때 가장 기초가 되는 선의 표현과 입체물에 대한 감각적 훈련을 위한 소스들을 준비했다. 스케치를 잘하기 위해서는 무엇보다도 중요하게 여겨야 할 것이 입체물에 대한 관찰과 지각능력을 키우는 것이다. 즉, 형태를 만들어낼 수 있는 능력은 관찰력이 얼마만큼 축적되어 사물에 대한 분석적 접근이 가능한가에 달려있는 것이다. 우리가 그림을 그리는 것을 어렵게 느끼는 것은 늘상 접하는 사물에 대한 관심도가 적었기 때문이다.

지금부터라도 평상시 그냥 스쳐 지나갔던 사물이라도 다시 한 번 유심히 관찰하는 습관을 갖도록 노력해 보길 바라며, 이 단원에서는 입체물이 어떤 상황에서 어떻게 지각되는지 또 어떠한 원리에서 그려지는지를 그림으로 쉽게 풀어 놓았다. 초보자든 실무자든 누구나 기본적으로 숙지해야 할 기초 과정이므로 다소 지루하더라도 꼭 익히고 넘어가길 바란다.

펜의 선택과 스케치 도구

■ 펜의 선택

스케치를 위한 펜 선택의 폭은 펜의 종류만큼이나 다양하다. 그래서 '무엇이다'라고 정의하는 것은 모순이다. 스케치란 개념은 하나의 구상된 완성물을 위한 밑그림 단계를 의미하기 때문에 펜의 종류를 가릴 필요는 없다. 다만, 대상물의 특징적인 표현을 위해 몇 가지를 정해 놓고 사용하는 것이 편리하다는 것이다. 예를 들어 부드럽고 매끄러운 선을 위해서 선의 굵기가 일정하게 유지되는 것이 좋고, 거칠고 투박한 선을 위해서는 펠트 펜 같은 탄력 있는 재질의 펜을 사용하면 좋다. 이처럼 그 사용 목적에 따라 펜의 사용을 달리 해준다.

이 책은 보통 필기용으로 많이 사용하는 중성 볼펜과 플러스 펜을 주로 사용했다.

플러스 펜은 수성이라 알코올 성분이 있는 마커를 사용할 때 잉크가 번진다는 단점은 있지만, 보통 스케치 연습용으로는 가격도 저렴하고 펜 터치의 느낌이 좋아 여러분들에게 권장할 만한 필기구이다. 이 교재에 전문가용 스케치 펜을 많이 사용하지 않은 이유는 언제, 어디서나 여러분들이 사용하기 편하고 즉석에서 연습하기에 부담을 가질 필요가 없다는 것을 보여주기 위한 것이다. 낙서하듯이 편하게 연습하되 기본적인 형태원리만 늘 의식하고 있다면 여러분들의 연습량은 눈에 띄게 많아질 것이다.

스케치용으로 권장할 만한 펜으로는 일반 중성 볼펜(gel type), 플러스 펜(수성), 아트 펜(중성), 펠트 펜(일명 Tradio 펜-중성), Pigment 펜(중성) 등이 있다.

■ 스케치 도구들

1. 종이

종이의 종류도 그 사용 목적에 따라 수많은 종류가 있지만 보통 일반적으로 많이 사용하는 복사용지가 가장 무난하다. 마커로 채색을 하는 경우에는 중성펜과 마커 전용지를 사용하는 것이 좋다. 마커용지는 일반 종이와는 다르게 일정한 비율만큼만 잉크를 흡수해서 번지지 않고 뒷면도 특수 코팅처리가 되어 있어 잉크를 흡수하지 않으므로 느낌이 다른 이미지를 연출할 수 있다.

복사용지는 잉크를 계속 흡수해서 번지는 단점은 있더라도 마커용지보다 발색의 측면에서는 오히려 효과가 좋다. 각각의 장단점이 있으므로 사용목적에 따라 선택해서 사용하도록 한다. 물론 스케치를 하는데 있어서는 글씨가 써지는 종이라면 어떤 종이라도 연습을 하기 위한 목적이라면 상관은 없을 것이다.

2. 연필

이 책에서는 연필은 다루지 않았지만, 보통 스케치용으로 사용하기 적합한 연필은 4B연필이다. 연필은 그 경도나 무르기로 H, 2H, HB, 2B, 4B, 6B 등으로 구분하는데, H는 딱딱한 정도, B는 무른 정도를 나타낸다. 보통 미술이나 스케치에서는 경도와 무르기가 적절한 4B 연필을 많이 사용한다.

3. 색연필(Color Pencil)

채색에 필요한 색연필은 크게 유성과 수성 색연필로 구분되는데, 그 자체로도 스케치나 렌더링을 하지만 마커 등과 같이 혼용해서 질감처리 등에 사용되기도 한다. 수성 색연필은 물에 녹는 성질이 있어 수채화의 효과를 낼 수 있고 어느 정도 수정이 가능한 장점이 있다. 그러나 유성 색연필에 비해서 발색력이 조금 떨어지는 것이 단점이다. 따라서 가능하면 발색이 좋은 유성 색연필을 사용하도록 권장한다.

보통 12색에서 24색, 36색, 48색, 72색, 120색 단위로 판매되는데, 색연필 위주의 작업이 필요하다면 색의 종류가 많은 전문가용을 사용하는 것이 좋고, 다른 채색 도구에 보조적으로 사용하는 것이라면 그렇게 많은 색을 구입하지 않아도 된다. 색깔별 낱개로도 판매가 되므로 필요한 색만 따로 구입할 수도 있다.

4. 마커(Marker)

마커는 잉크에 따라 오일 마커, 수성 마커, 알코올 마커로 구분되는데, 보통 휘발성이 있어 빠르게 건조되고 인쇄된 잉크를 녹이지 않는 특성과 발색이 뛰어난 알코올 타입의 마커를 많이 사용한다.

시중에 판매되는 마커로는 신한, 알파(국내산), 코픽, 베롤(수입산) 등이 있고 색깔별 낱개로도 구입이 가능하며, 최근에는 스케치 마커라 하여 붓 펜 모양을 한 제품도 활용되고 있다. 특히 스케치 마커라 불리는 브러시 타입의 마커는 촉 자체의 유연성으로 인해 수채화 같은 효과를 낼 수 있고, 넓은 면의 채색과 자유로운 곡선의 터치까지 가능하여 마커 촉의 딱딱한 결을 부드럽게 해주는데 효과적이다.

가격이 비교적 고가이고 생산회사마다 조금씩 색감의 차이가 있기 때문에 전문가의 조언과 제품의 특성을 비교하여 구입한다. 마커 중에도 색감이 부드럽고 투명도가 높은 마커가 있는데 초보자라면 다소 고가이긴 하지만 이런 특성이 있는 마커를 권한다. 다른 마커들에 비해서 색감이 부드러워 색에 대한 두려움을 줄일 수 있다.

마커 자체는 정해진 색으로 사용하기 때문에 한번 잘못 칠하거나 색 선택을 잘못했을 때 수정이 불가능하고 응급처치가 어렵기 때문에 마커에 대한 두려움이 생길 수 있다. 하지만 마커의 사용은 고난이도의 기술을 요하는 도구가 아니다. 빠르고 편리하게 색을 구현하고자 만든 것이기 때문에 부담을 갖지 않아도 된다.

선을 긋는 자세와 방법

어떠한 종류의 스케치를 하던 스케치는 선의 중요성이 가장 큰 비중을 차지한다. 평행한 선과 힘의 강약조절을 자유롭게 구사할 수 있을 때 그려지는 대상물에 생명력을 불어넣어 줄 수가 있다. 아래에 표현된 그림에서처럼 펜을 잡을 때는 너무 짧거나 너무 길지 않은 중간쯤의 위치를 잡아주는 것이 좋다. 손목을 회전하거나 선에 힘을 주어야 할 때 이러한 상태가 적합하기 때문이다. 선 긋기 할 때 주의할 점은 시작점과 끝점을 의식하며 눈은 미리 끝날 지점에 갔다가 와야 한다. 또한 선과 선의 간격을 일정하게 유지하려고 노력해야 한다. 그래야 눈의 평행감각을 발달시킬 수가 있다. 다음의 선의 도해를 따라 선 연습을 해보자.

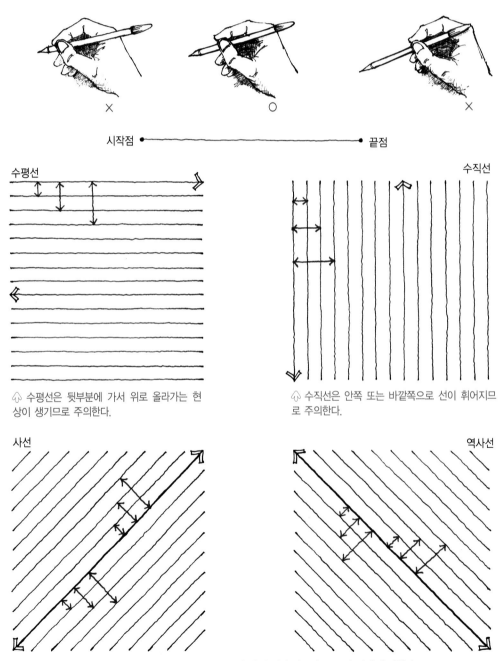

⬆ 수평선은 뒷부분에 가서 위로 올라가는 현상이 생기므로 주의한다.

⬆ 수직선은 안쪽 또는 바깥쪽으로 선이 휘어지므로 주의한다.

⬆ 선의 기울기에 손의 위치를 맞추어 항상 선의 각도가 45도가 되게 유지한다.

선의 강약조절

선은 많은 연습량을 필요로 한다. 충분한 평행 감각을 키워야만 자신만의 스타일이 있는 선의 맵시를 만들 수가 있다. 이번엔 선에 강약을 주어 꿈틀거리는 듯한 선을 만들어보자. 사용할 펜은 플러스 펜처럼 펜 끝이 펠트 재질로 된 탄력성 있는 펜을 사용한다. 일반 필기용 볼펜이나 피그먼트 펜(드로잉용)은 굵기가 정해져 있기 때문에 굵기의 강약을 표현하는 데는 어려운 문제가 있다. 무엇보다도 평행을 유지하는 것이 좋으며 손 전체가 아닌 연필을 잡은 손가락의 힘만으로 강약조절 연습을 한다. 유의할 점은 선이 끊어져 보이지 않게 해야 한다.

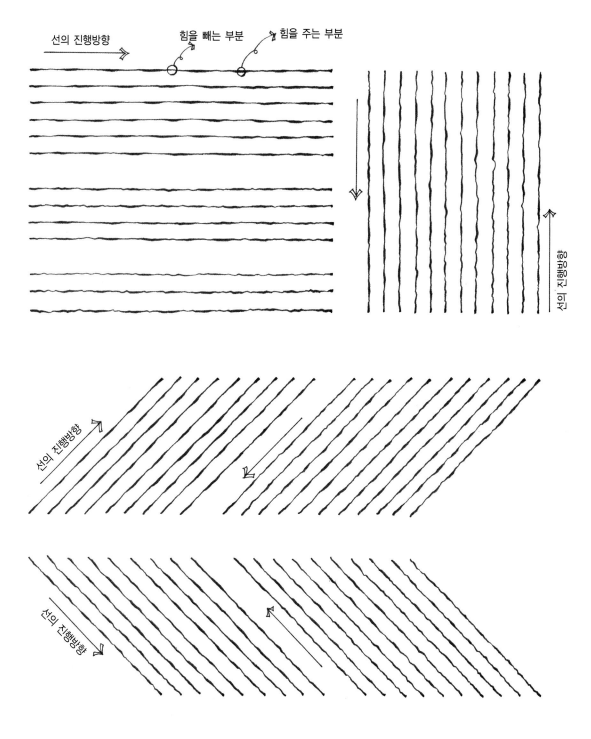

자유로운 선

선의 평행감각과 강약조절을 합하여 이제는 여러분들이 자유로운 선을 만들어 보도록 하자. 상하 좌우 어느 방향으로 든 형식에 구애받지 않고 하나의 리듬감을 통해 패턴을 만들 수도 있고 또 선의 강약과 맵시를 만들어낼 수도 있다. 이러한 선들은 나중에 여러분들이 어떠한 형태를 만들어냈을 때 그 형태의 질감이나 표면상의 느낌을 한층 더해줄 수 있는 효과로써 활용할 수가 있다. 각각의 모양에는 나름대로 연상시켜주는 의미가 있다. 사람마다 그 느낌이 다르기 때문에 "이것은 무슨 표현을 위해서다" 라는 해설은 생략하고 여러분들 개개인의 연상력에 맡기도록 한다.

천천히 긋는 선

펜을 들어 올리며 긋는 선
(날카로움과 빠른 선의 이미지를 표현)

펜을 들어 올리며 그은 선의 예

흐름선의 연습

　우리가 입체물을 지각할 때 정면이나 정 측면으로 보여지는 부분 외에는 모두가 모서리가 존재하고 또 기울어지는 정도의 차이를 느끼게 된다. 예를 들어 하나의 공간에 놓여지는 어떠한 입체물을 위치와 각도를 달리해 보면 그 입체물의 표정이 달라지게 되는 것이다. 그러한 현상은 바로 우리 눈에서 지각하는 원근감 때문이다. 그로 인해 한 물체에 존재하는 선의 기울기를 계속 쫓아가다 보면 하나의 점에 모여지게 되는 결과를 얻게 되는데, 그것을 바로 소점(Vanishing Point)이라 한다. 그 소점으로 향하는 선을 흐름선이라 하고 이 선들에 의해 입체물을 지각하게 되는 것이다. 우리가 스케치를 함에 있어 이 흐름선을 눈의 감각으로 찾아내는 것은 매우 중요한 일이다. 한 점에서 시작되거나 한 점으로 향하는 흐름선을 충분히 훈련하여 자의 도움이 없이도 선을 잡아내는 감각을 키워야 한다.

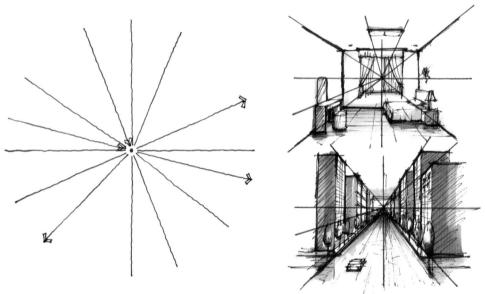

한 점을 정해 놓고 그 점에서 출발하거나 그 점으로 향하는 선을 그어본다.

실내 투시나 건물외관 투시에서의 흐름선의 원리

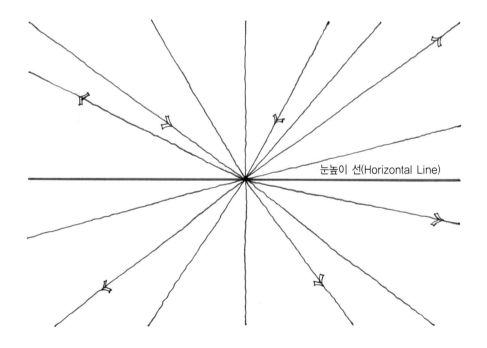

눈높이 선(Horizontal Line)

　건물의 외관을 그릴 때 건물의 층수를 구분하는 골조와 외부 마감재로 인한 선들이 형성될 때 모두가 그 선들은 평행하지만 입체적으로 보일 때는 기울기가 생겨난다. 그 선들이 바로 흐름선이 되는 것이다. 모서리를 기준으로 볼 때는 소점이 양쪽으로 2개가 생겨나므로 각각의 면이 향하는 소점방향 흐름선에 주의한다. 여기서 한 가지 더 알아둘 것은 소점거리가 짧은 쪽은 경사가 심하고 먼 쪽은 경사가 완만해진다는 것에 유의한다.

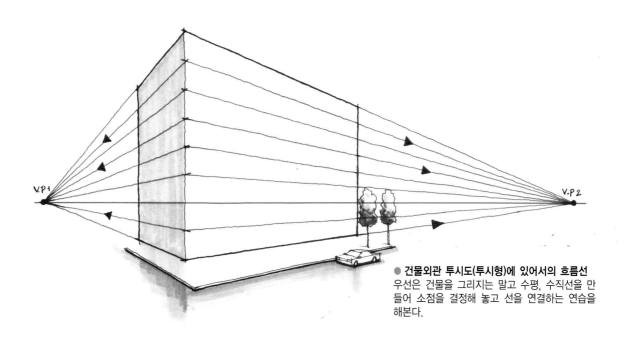

● **건물외관 투시도(투시형)에 있어서의 흐름선**
우선은 건물을 그리지는 말고 수평, 수직선을 만들어 소점을 결정해 놓고 선을 연결하는 연습을 해본다.

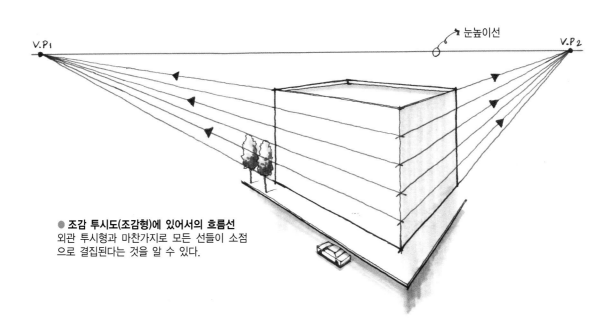

● **조감 투시도(조감형)에 있어서의 흐름선**
외관 투시형과 마찬가지로 모든 선들이 소점으로 결집된다는 것을 알 수 있다.

면(face) 만들어 보기

수평선과 수직선, 사선, 곡선 등 이러한 선들이 결합되면 면이 만들어진다. 면의 표현에 있어서는 대칭과 비례의 성격이 존재함을 알아야 한다. 즉, 보여지는 면을 눈대중으로 쪼개어(분할하여) 볼 줄 아는 감각도 필요한 것이다. 아래의 그림들은 면을 대표하는 기본적인 것들로만 모아놓았다. 오른쪽의 분할 및 대칭 원리를 살펴보고 면을 만들어보자.

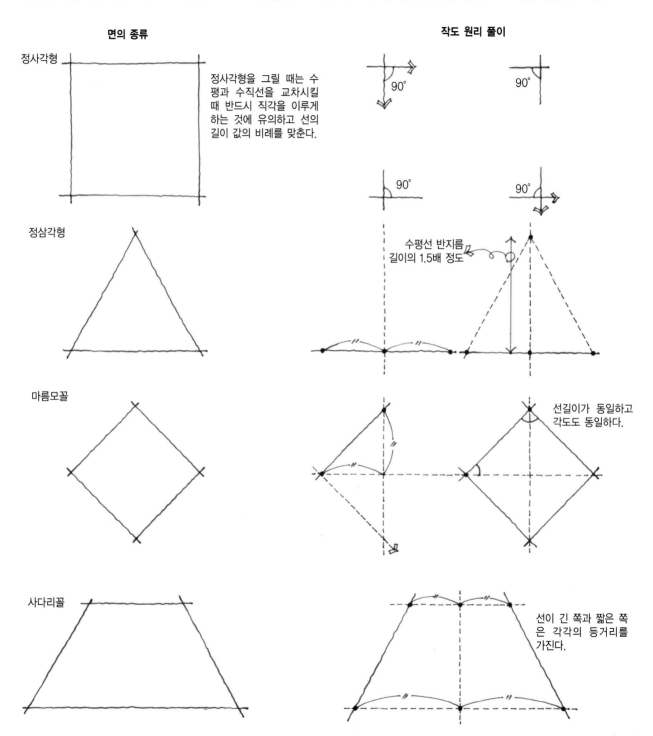

면의 종류

작도 원리 풀이

정사각형 — 정사각형을 그릴 때는 수평과 수직선을 교차시킬 때 반드시 직각을 이루게 하는 것에 유의하고 선의 길이 값의 비례를 맞춘다.

90°   90°   90°   90°

정삼각형 — 수평선 반지름 길이의 1.5배 정도

마름모꼴 — 선길이가 동일하고 각도도 동일하다.

사다리꼴 — 선이 긴 쪽과 짧은 쪽은 각각의 등거리를 가진다.

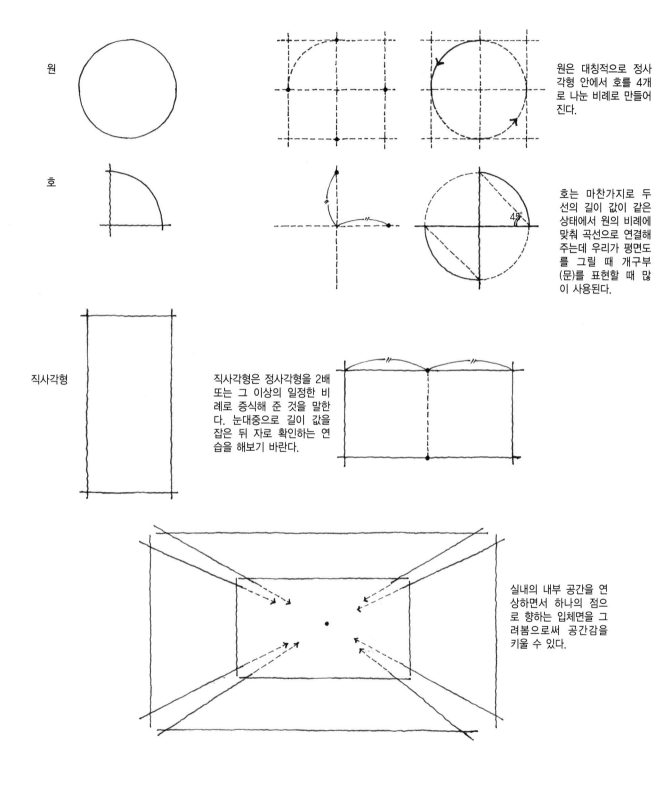

원

원은 대칭적으로 정사각형 안에서 호를 4개로 나눈 비례로 만들어진다.

호

호는 마찬가지로 두 선의 길이 값이 같은 상태에서 원의 비례에 맞춰 곡선으로 연결해 주는데 우리가 평면도를 그릴 때 개구부(문)를 표현할 때 많이 사용된다.

직사각형

직사각형은 정사각형을 2배 또는 그 이상의 일정한 비례로 증식해 준 것을 말한다. 눈대중으로 길이 값을 잡은 뒤 자로 확인하는 연습을 해보기 바란다.

실내의 내부 공간을 연상하면서 하나의 점으로 향하는 입체면을 그려봄으로써 공간감을 키울 수 있다.

면의 분할 방법

　모든 입체물에는 그 기능과 용도에 따라 면이 나뉘어져 있다. 그 나누어진 면을 분할하기 위해서는 일정한 원칙의 방법이 있는데 그것을 등분법이라 한다. 등분법은 도법상으로도 여러 가지 방법이 있지만 여기서는 많이 사용하고 접근하기 쉬운 방법인 대각선법을 설명하도록 한다. 사각형의 면이 있다고 가정했을 때 각각의 모서리와 모서리를 선으로 연결시키거나 교차시키면 선들의 교차점이 생겨나는데 그 점들을 수평이나 수직으로 연결 또는 연장해 줌으로써 면을 나눌 수가 있게 된다.

평행한 면에서의 분할

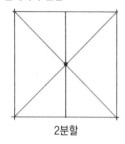
2분할

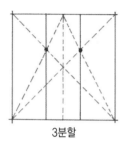
3분할

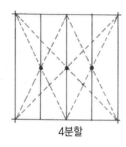
4분할

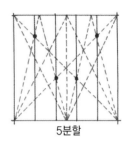
5분할

입체적인 면에서의 분할방법

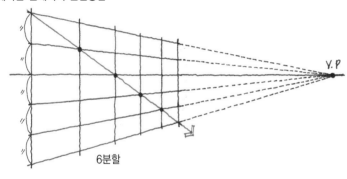
6분할

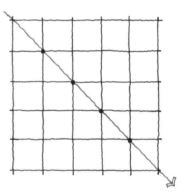

입체적인 면에서의 대각선 분할에 있어서는 수평과 수직선 중 둘 중 하나의 선이 등거리로 나누어져야 한다는 것에 유의한다.

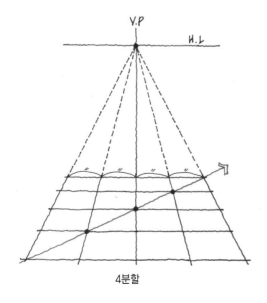
4분할

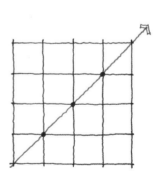

불규칙한 면의 분할

입체공간에서처럼 면이 평행하지 않고 불규칙한 면이 많은데 이를 분할해 주는 방법 대각선법을 사용하지만, 한 가지 아쉬운 점은 그 면에서 선의 기울기가 가지는 방향선 즉, 소점방향 흐름선은 눈의 감각에 의존해야 한다는 것이다. 또한 우리가 실수하기 쉬운 것은 입체이기 때문에 눈에서 멀어지는 면이 좁아지는 것이나 선길이가 짧아지는 자연적인 원리를 망각한다는 것이다. 이것을 눈으로 잡아낼 수 있을 때 비로소 감각이 형성되었다고 할 수 있다. 여러분들은 이러한 등분법의 방법적인 것에 의존하하는 것보다 자신의 눈대중을 믿고 하나하나 완성해 가길 바란다.

평행하지 않은 면

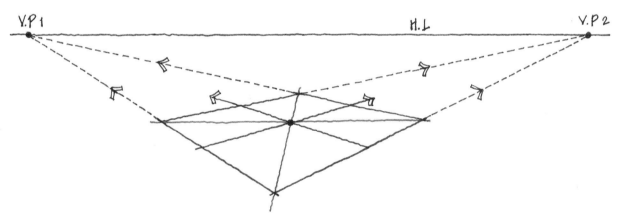

면의 모서리를 연결하는 대각선을 그은 뒤 면의 흐름을 찾아 소점과
눈높이를 눈으로 찾아보자.

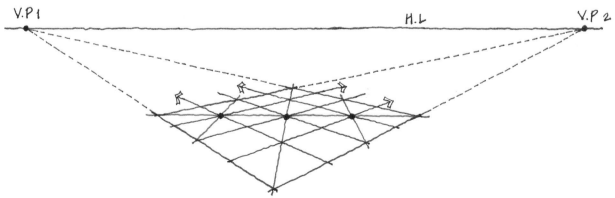

나누어진 각각의 면들을 또다시 대각선으로 연결하여 면을 나눈 뒤 소점방향 흐름선으로 연결
해 주면 추가되는 면들을 만들 수가 있다. 여기에 수직면이 있다 하더라도 바닥면이 나누어졌
기 때문에 수직면을 나누기가 쉽다. 이것이 Grid(격자)의 원리이다.

입체물(육면체)의 면 분할(등분) 및 증식

입체물에서의 분할은 앞서 배운 것처럼 대각선법을 이용하는데 쪼개지는 면이 많아질수록 선이 많아져 복잡해지고 실제 우리가 해야 할 스케치에서는 효용가치가 떨어지므로 여러분들이 원근법적인 비례를 찾아낼 수만 있다면 눈의 비례적 감각에 의존해서 그리는 것이 더 빠른 방법이라 할 수 있다. 아래의 도해적인 내용을 참고하여 우선은 수직선을 등거리로 나누는 것과 그 지점에서 소점 방향으로 흘러가는 흐름선을 잡는 훈련에 중점을 두어야 한다.

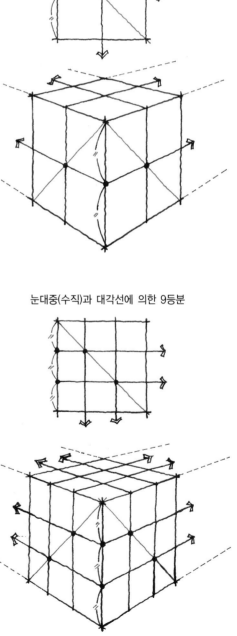

4등분

눈대중(수직)과 대각선에 의한 4등분

9등분

눈대중(수직)과 대각선에 의한 9등분

입체물의 수평 증식

　입체물의 면을 수평으로 증식할 때에는 증식하고자 하는 면의 소점 방향으로 연장선(보조선)을 만든 다음 면의 대각선 교차점에서 대각선과 수직선을 사용하여 차례로 면을 만들어주면 면이 증식된다. 이때 주의할 점은 모든 선이 하나의 소점에 집결되므로 점차 오므라져 보여야 한다는 것과 증식되는 면이 평면에서는 동일하지만 입체에서는 점차 줄어들어 보인다는 것을 기억해야 한다. 수평방향은 눈으로 나누기가 어려우므로 대각선법에 의존한다.

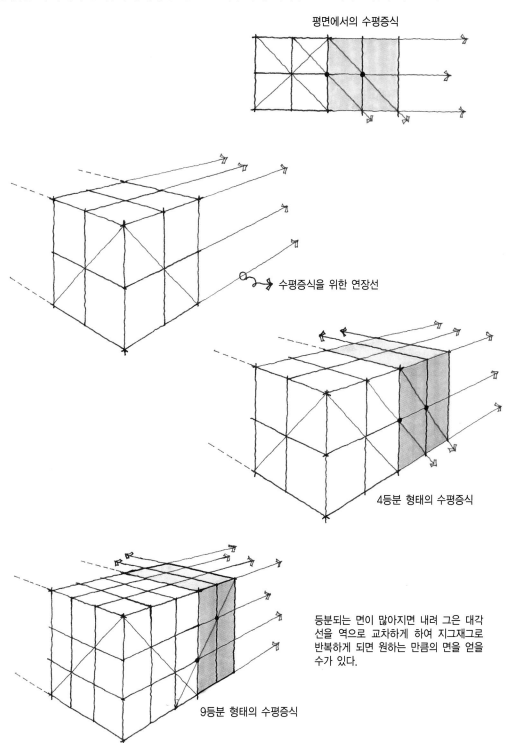

평면에서의 수평증식

수평증식을 위한 연장선

4등분 형태의 수평증식

등분되는 면이 많아지면 내려 그은 대각선을 역으로 교차하게 하여 지그재그로 반복하게 되면 원하는 만큼의 면을 얻을 수가 있다.

9등분 형태의 수평증식

입체물의 수직증식

이제 입체물의 면을 수직으로 증식하는 방법을 알아보자. 지금까지 사용한 입체는 정육면체를 중심기준선을 잡아 좌우 대칭으로 본 조감형태를 정방향으로 한 것이다. 여기서는 선의 겹침을 피하기 위해 약간 방향을 회전한 육면체를 사용했다. 수직으로의 증식은 기준이 되는 맨 앞 모서리의 수직선이 측량하기가 쉽기 때문에 눈대중으로 나누고자 하는 만큼 등거리를 찍어서 각각의 선을 소점 흐름방향으로 그어주는 것이 좋다.

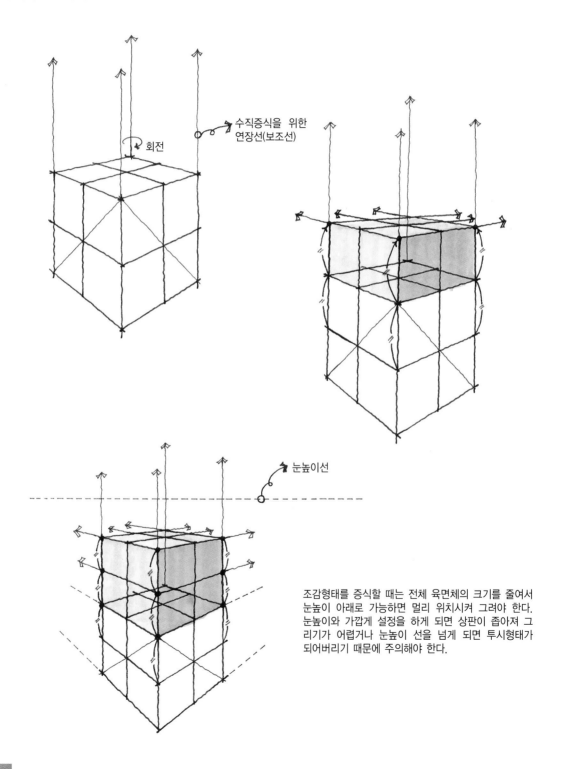

조감형태를 증식할 때는 전체 육면체의 크기를 줄여서 눈높이 아래로 가능하면 멀리 위치시켜 그려야 한다. 눈높이와 가깝게 설정을 하게 되면 상판이 좁아져 그리기가 어렵거나 눈높이 선을 넘게 되면 투시형태가 되어버리기 때문에 주의해야 한다.

투시형태 입체물의 증식

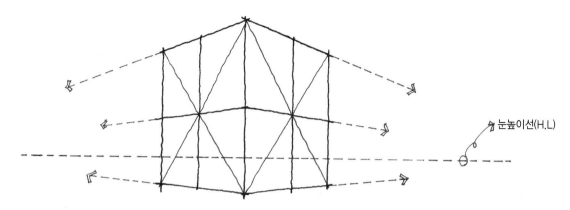

눈높이를 설정한 뒤 입체물을 대각선으로 등분한다.
흐름선들이 양쪽으로 각각 눈높이 선상에 잡히는 소점에 결집되는지를 확인한다.

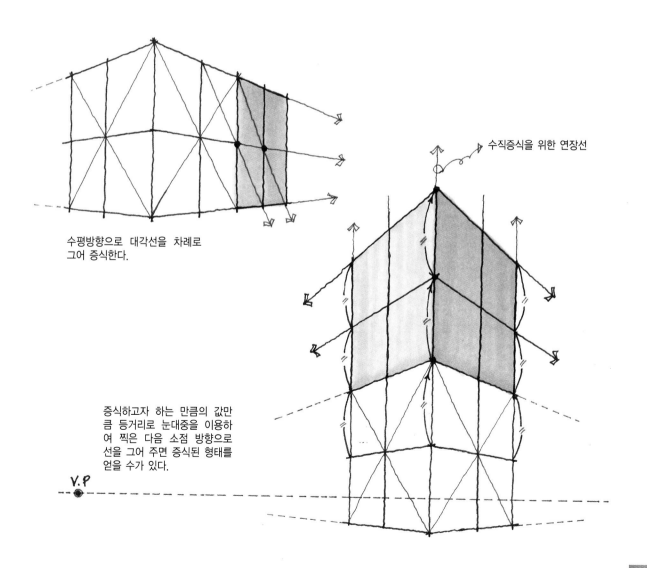

눈높이선(H.L)

수평방향으로 대각선을 차례로
그어 증식한다.

수직증식을 위한 연장선

증식하고자 하는 만큼의 값만
큼 등거리로 눈대중을 이용하
여 찍은 다음 소점 방향으로
선을 그어 주면 증식된 형태를
얻을 수가 있다.

V.P

원(circle)과 타원(ellipse) 살펴보기

원을 만드는 방법

원(circle)은 지정된 한 점에서 모든 점의 길이가 다 같은 폐쇄된 평면 곡선을 말한다. 이것이 입체로 변화되면 타원, 원추, 원기둥 등이 되어 그 표정을 달리하게 된다. 원은 평행선들과는 달리 템플릿(원형자)의 도움 없이 손으로 그리기가 매우 어려운 요소 중의 하나이기 때문에 원의 대칭비례와 전체적인 밸런스를 맞춰가며 반복적인 연습을 필요로 한다. 아래 도해에 나와 있는 순서대로 평면적인 원을 그려 그 원리와 비례를 익혀 두면 입체물에서도 적용할 수 있다. 물론 입체적인 면에서는 원이 평행해 보이지는 않을 것이다. 원의 교점을 찾는 방법에는 8점원, 12점원의 방법을 사용하는데 여기서는 좀 더 나은 정확성을 위해 12점원을 사용했다.

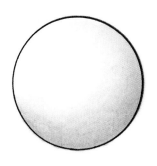

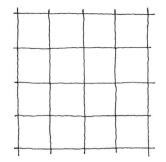

1단계 : 정사각형을 그린 뒤 4 * 4로 해서 16등분을 한다.

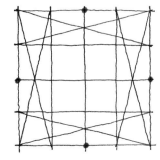

2단계 : 각 면의 가장자리 사각 면에 대각선을 그어 교점들이 생기게 한 후 각 면의 중심점을 표시한다.

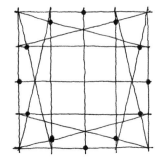

3단계 : 평행한 선과 사선이 만나는 점을 모두 찾아 점을 표시하면 12개의 점이 만들어진다.

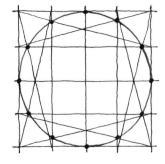

4단계 : 각각의 점들을 부드러운 곡선으로 연결해 주면 원이 완성된다.

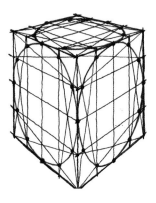

※ 이와 같은 원을 육면체에 적용하게 되면 원이 타원으로 변화되며 원형으로 된 입체물을 만들 수 있는 기본 베이스가 되는데, 중요한 것은 개략적인 스케치를 하기 위해서는 이 방법을 원리원칙대로 적용하는 것은 시간적인 손실을 주기 때문에 감각적으로 원이나 타원을 그리는 연습을 많이 해야 할 것이다.

원의 변화와 시점에 따른 타원의 비례

평면상의 원이 입체적인 면에 적용되면 타원이 되는데 같은 크기의 면이 우리 눈에 좁게 보일 때와 넓게 보일 때의 차이점은 원에 각도가 적용된다는 점이다. 즉, 평평한 면이 수평선상의 기준에서 얼마만큼의 기울기를 갖느냐에 따라 면적이 얇게(좁게) 또는 두껍게(넓게) 보여지는 것이다. 타원도 그 중심을 나눌 때 대칭적인 원리에서는 동일한 값이지만, 우리가 지각하는 것은 눈에 가까운 쪽의 면적이 더 넓게 느껴지기 때문에 입체물을 그릴 때 의도적으로 눈에 가까운 쪽을 조금 더 두껍게 표현한다.

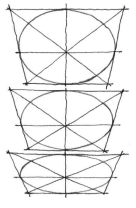

※ 제시된 그림은 동일선상의 조건에서 보여지는 면의 각도에 따른 원의 변화를 나타낸 것이다. 하나의 체험의 예로, 책의 장을 넘길 때 종이가 넘겨지면서 면이 좁아졌다가 다시 넓어지는 것을 관찰해 보면 이해가 빠를 것이다.

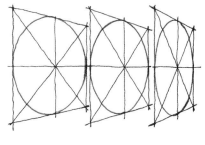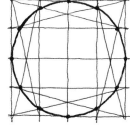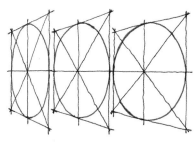

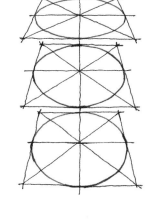

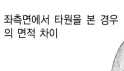
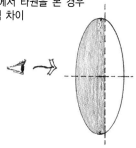

좌측면에서 타원을 본 경우의 면적 차이

우측면에서 타원을 본 경우의 면적 차이

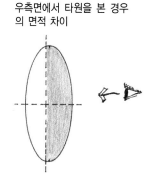

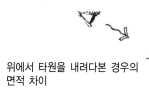
위에서 타원을 내려다본 경우의 면적 차이

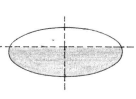

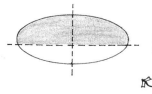
아래에서 타원을 올려다 본 경우의 면적 차이

타원(Ellipse)의 변화와 기울기 각도

앞서 설명했듯이 타원에는 각도(기울기)가 있다. 아래 그림에서처럼 동그란 원판이 수평선상의 조건에서 위로 들려지거나 밑으로 처지게 되면 그 기우는 정도의 차이에 따라서 타원의 넓이가 달라지게 된다. 일례로, 실내 내부를 스케치할 때 스탠드가 놓여진 테이블 앞에서 그 스탠드를 높은 곳에 올라가서 관찰할 때와 그 스탠드의 위치보다 낮은 위치에서 바라볼 때, 같은 크기의 타원이라도 그 보여지는 기울기의 차이가 나는 것을 알 수가 있을 것이다.

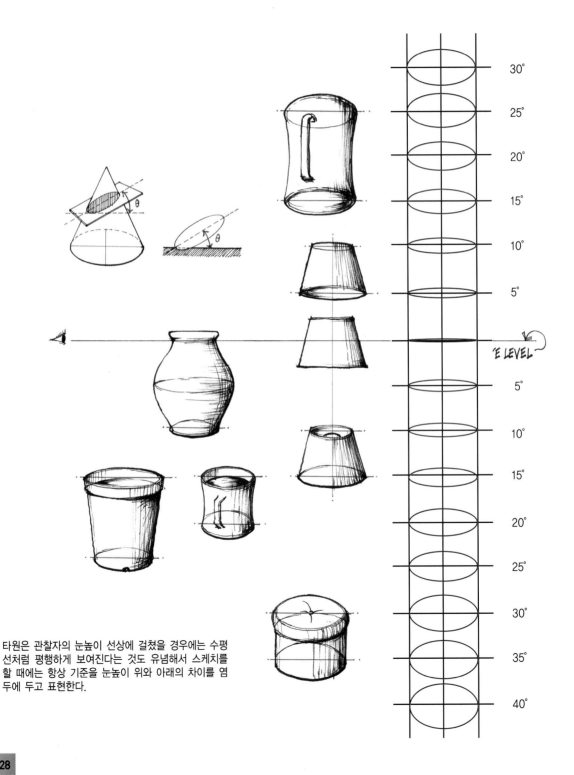

타원은 관찰자의 눈높이 선상에 걸쳤을 경우에는 수평선처럼 평행하게 보여진다는 것도 유념해서 스케치를 할 때에는 항상 기준을 눈높이 위와 아래의 차이를 염두에 두고 표현한다.

입체물의 지각

지금까지 선과 면, 면의 분할, 증식, 원과 타원 등 2차원적인 것을 다루었다. 이제부터는 3차원적인 입체에 접근하는 방법을 다루고자 한다. 우리가 입체물을 지각할 때는 거의 대부분의 정보를 눈으로 수집하게 된다. 크기와 모양, 표면으로 느껴지는 질감이나 색깔 등을 인식하게 되는 것이다. 평상시 우리가 자주 보는 사물도 막상 그려 보라 하면 쉽게 표현하기가 어려운 것은 그 대상물을 자세히 관찰하지 않았었기 때문일 것이다. 스케치를 잘 하기 위해서는 우리 눈으로 수집되는 대상물의 정보를 최대한 많이, 또 자세히 분석하고 특징을 파악할 수 있는 관찰력을 기르는 것이다. 그 훈련이 충분히 되었다면 이미 스케치의 반은 성공한 것이다.

아래의 그림은 입체물을 관찰했을 때 주변의 사물과 같이 보았을 때와 주변사물을 배제하고 대상물체만을 관찰했을 때 지각되는 입체물의 형상 이미지를 표현한 것인데, 이것이 바로 관찰의 시작이자 투시능력을 키우는 준비 단계이다.

물체의 표면을 강조하면 가려진 내부에 대한 인지가
무뎌져 선을 느끼는 것에 효과가 약해진다.

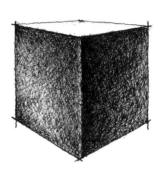

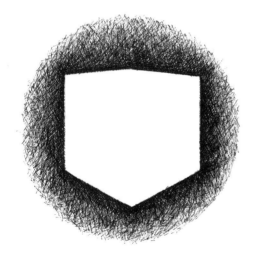

주변배경을 무시하고 형태의 윤곽만을 강조하게 되면
형태에 대한 시각적인 인상이 뚜렷해진다.

보이지 않았던 내부의 선들을 추가함으로써 구체적인
모양새에 대한 인식이 비로소 정리가 된다.

공간감각 익히기 1

내려다본 조감형태

이것은 여러분의 연상 감각을 테스트하고자 하는 것이다. 전체의
윤곽만이 존재하는 틀 안에서 내부에 선을 추가하여 봄으로써 다
양한 형태를 완성하는 연습을 해보자. 연습은 우측의 샘플처럼 하
고 연필로 연습한다. (해답은 page 38~39에 있다.)

조감형태 연습샘플

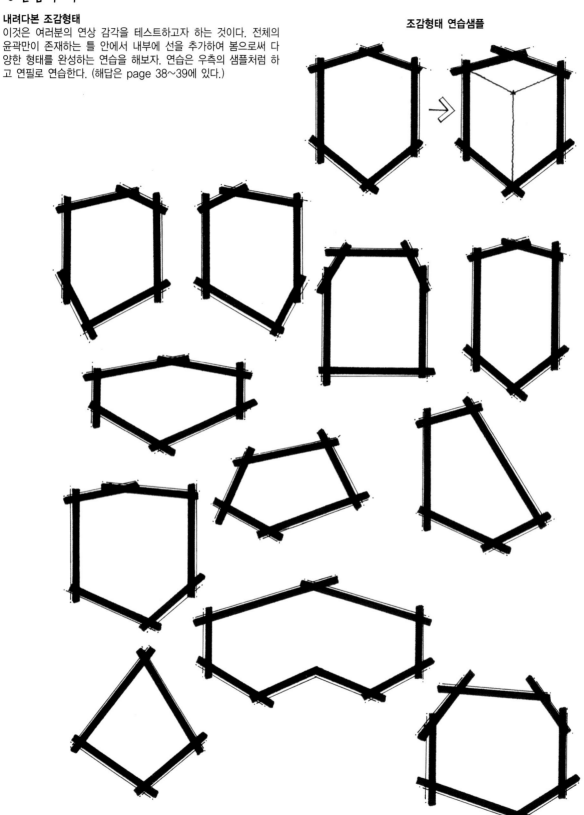

공간감각 익히기 2

올려다 본 투시형태
(해답은 page 38~39에 있다.)

투시형태 연습샘플

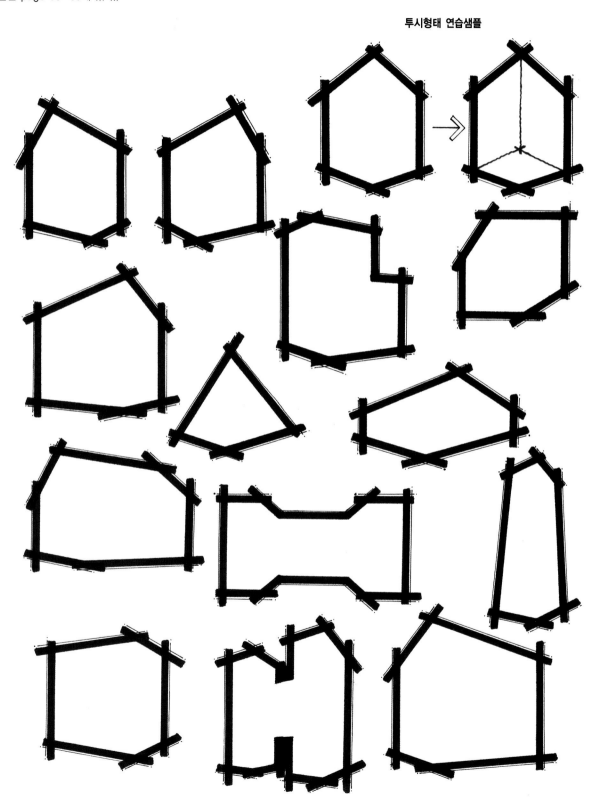

정육면체 익히기

이제 본격적으로 육면체를 그려보자. 정육면체란 각각의 면이 가로 세로의 선길이가 같고 각 모서리의 각도도 모두 같은 입방체를 의미한다. 아래에 그려진 정육면체는 도법에 의거해서 비례적으로 만들어졌고 우측에서 보았을 때의 모양과 좌측에서 보았을 경우의 육면체이다. 거의 대부분의 입체물이 시작되는 기본 형태로써 충분한 연습을 통해 비례감각을 익혀야 한다. 중요한 것은 모든 선들이 눈높이 선상에서 만들어지는 소점에 결집된다는 것에 주의한다.

H. L

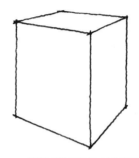

방향을 달리한 정육면체의 특징
① 선이 짧고 면이 좁아 보이는 쪽은 기울기 각이 크고 소점 거리가 짧다.
② 선이 길고 면이 넓어 보이는 쪽은 기울기 각이 완만하고 소점거리가 멀다.
③ 시각적으로 수평보다 수직선이 길게 느껴지므로 수직선을 조금 더 길게 그려준다.

정육면체 조감형 우측방향

정육면체 조감형 좌측방향

형태비례가 틀린 정육면체

넓은 쪽 면의 흐름선이 평행에 가깝다.

수직 길이가 너무 짧게 보인다.

윗부분의 각도가 크면 아래쪽의 각도가 더 커져야 한다.

전체 크기에 비해 수직 길이가 짧다.

맨 윗부분의 넓은 쪽 선 기울기 각도가 너무 크다.

아랫부분의 각도가 지나치게 크다.

선길이가 긴 쪽은 짧은 쪽보다 각도가 완만해야 한다.

짧은 쪽 선의 기울기각도가 너무 심해서 우측면의 소점과 만나지 못한다.

전체적인 면이 평행하다.

투시형의 정육면체

다음은 정육면체 투시형태(올려다 본 경우)이다. 조감형과 마찬가지로 선이 짧고 각이 큰 면은 소점거리가 짧고 선이 길고 각이 완만한 면은 소점거리가 길고 면도 넓게 보인다는 것을 숙지해야 한다.

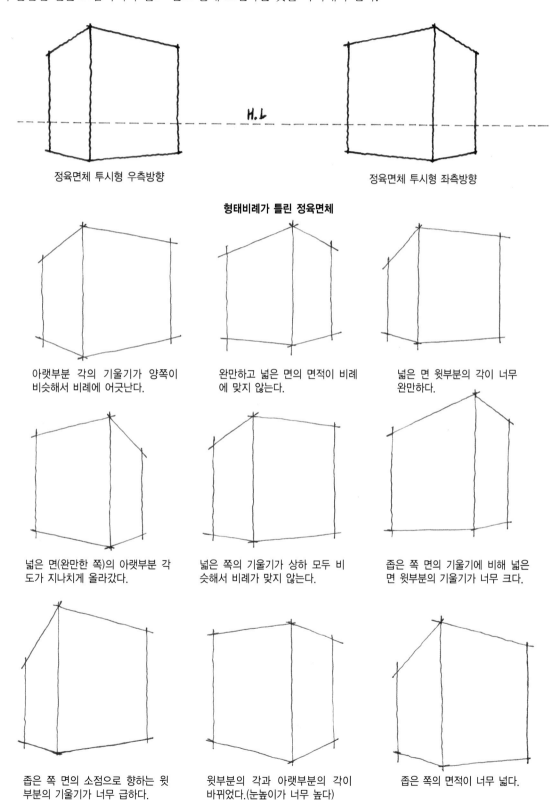

정육면체 투시형 우측방향   정육면체 투시형 좌측방향

형태비례가 틀린 정육면체

아랫부분 각의 기울기가 양쪽이 비슷해서 비례에 어긋난다.

완만하고 넓은 면의 면적이 비례에 맞지 않는다.

넓은 면 윗부분의 각이 너무 완만하다.

넓은 면(완만한 쪽)의 아랫부분 각도가 지나치게 올라갔다.

넓은 쪽의 기울기가 상하 모두 비슷해서 비례가 맞지 않는다.

좁은 쪽 면의 기울기에 비해 넓은 면 윗부분의 기울기가 너무 크다.

좁은 쪽 면의 소점으로 향하는 윗부분의 기울기가 너무 급하다.

윗부분의 각과 아랫부분의 각이 바뀌었다.(눈높이가 너무 높다)

좁은 쪽의 면적이 너무 넓다.

그림자와 경영도법

우리가 어떤 입체물을 그려 놓았을 때 그 물체에 사실적인 입체감을 더해주기 위해 음영(어두운 면과 밝은 면)을 표현해 준다. 태양광(자연광)이든 인공광원(조명)이든 물체에 빛이 비춰지면 그림자가 생겨나는 것이고, 또한 거울이나 물에 입체물이 비추었을 때 그 물체와 똑같은 영상이 생기게 되는 것이다. 제도나 드로잉에서는 도법의 원리에 따라 그림자나 경영을 표현해 주지만, 우리가 이미지를 위한 스케치를 하기 위해서는 그림자가 형성되는 원리 정도만 이해하고 있으면 된다. 여기서는 그림자가 형성되는 기본적인 종류와 원리에 대해 간단하게 살펴보기로 하자.

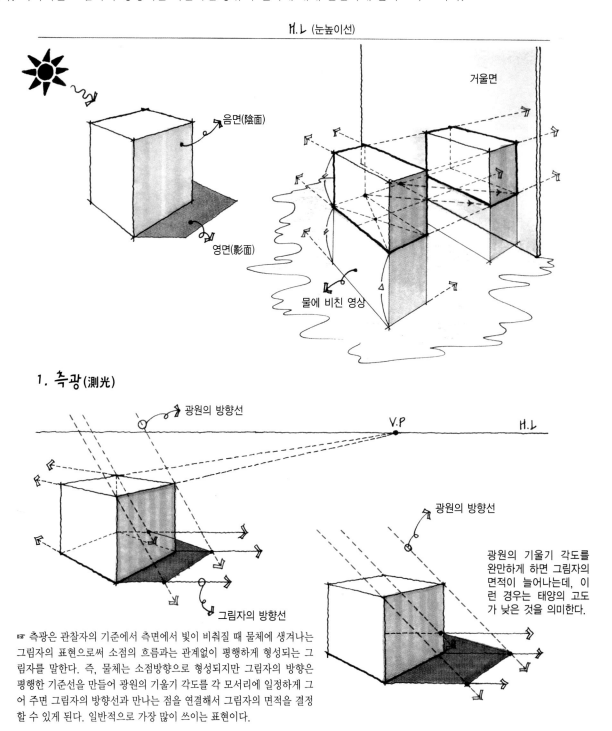

H.L (눈높이선)

음면(陰面)

영면(影面)

거울면

물에 비친 영상

1. 측광(測光)

광원의 방향선

V.P

H.L

그림자의 방향선

광원의 방향선

광원의 기울기 각도를 완만하게 하면 그림자의 면적이 늘어나는데, 이런 경우는 태양의 고도가 낮은 것을 의미한다.

☞ 측광은 관찰자의 기준에서 측면에서 빛이 비춰질 때 물체에 생겨나는 그림자의 표현으로써 소점의 흐름과는 관계없이 평행하게 형성되는 그림자를 말한다. 즉, 물체는 소점방향으로 형성되지만 그림자의 방향은 평행한 기준선을 만들어 광원의 기울기 각도를 각 모서리에 일정하게 그어 주면 그림자의 방향선과 만나는 점을 연결해서 그림자의 면적을 결정할 수 있게 된다. 일반적으로 가장 많이 쓰이는 표현이다.

2. 역광(逆光)

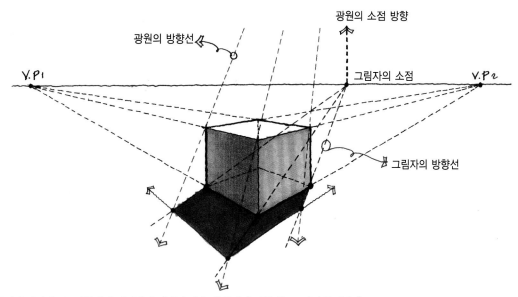

☞ 역광은 물체에 뒤에서, 즉, 관찰자의 정면에서 광원이 있을 때 물체에 비춰지는 그림자를 말한다.
물체가 관찰자의 앞에 놓여지고 빛이 관찰자의 정면(앞)에 있다면 물체의 그림자는 관찰자의 앞으로 만들어지는 것이다.
그림자의 방향소점에서 수직으로 따라 올라가 보면 광원의 위치를 찾을 수가 있다.

3. 배광(背光)

☞ 배광은 광원이 관찰자의 등 뒤에 있을 때 물체에 형성되는 그림자를 말한다. 이는 좀 까다로운 절차를 거치기 때문에 물체의 소점과 영향이 많다. 물체를 바라보는 관찰자의 뒤에 광원이 있기 때문에 물체의 소점과 평행한 눈높이선 상에서 그림자의 방향 선을 결정하여 그림자의 소점을 결정하고 수직으로 보조선을 내려 그은 다음 임의의 점을 찍고 물체의 모서리를 통과하는 광원의 방향 선을 그 점에 모아주면 그림자의 방향선과 만나는 점이 생기게 된다. 그 점들을 연결하면 그림자의 면적이 결정되는 것이다.

실내에너의 음영

실내에서는 외부의 자연광과는 달리 인공조명을 사용한다. 따라서 광원이 하나가 아닌 여러 개가 존재하므로 그림자의 방향이 일정하지 않은 것이 차이점이다. 그래서 그림자가 여러 개가 존재해서 복잡하므로 임의로 기준을 전체 실의 천정 중앙에 있는 광원 하나로 기준을 잡고 그리게 된다. 광원에서 수직으로 바닥에 떨어지는 점을 기준으로 각각 물체의 모서리를 지나가는 선들과 광원의 방향 선을 연결하여 그림자의 모양을 결정하게 된다.

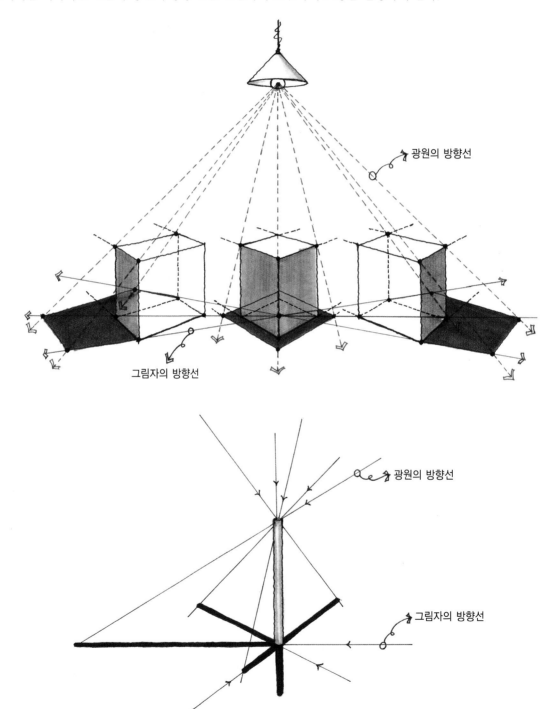

조명이 많은 실내에서 볼펜을 탁자 위에 수직으로 손가락으로 지탱하여 세워보면 그림자가 여러 개가 생겨나는 것을 여러분도 관찰할 수 있을 것이다.

경영 밎 그림자 표현의 예

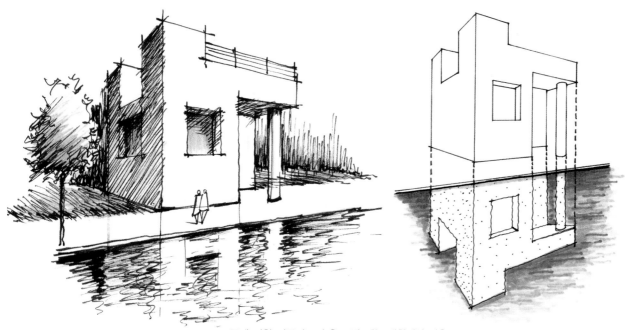

물에 비친 건물의 모습을 그릴 때는 대칭적인 비율로 그려주되 수면에서는 빛을 받는 부분은 밝게, 그림자 지는 부분의 어둡게 물의 농도를 표현해 주고 물결이 있는 관계로 선을 흔들거리듯 표현해 준다.

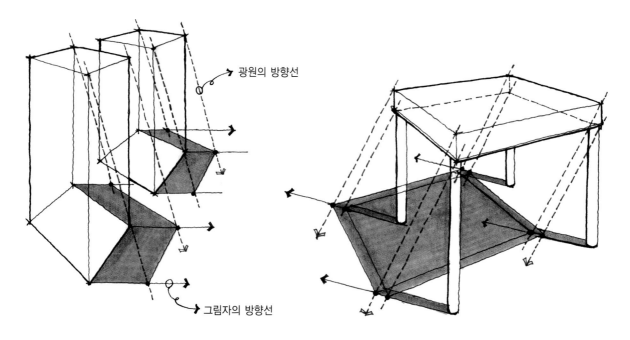

광원의 방향선

그림자의 방향선

건물의 그림자를 표현할 때에는 측광과 배광을 적용하는 것이 편리하다.
태양의 고도(기울기)에 따라 그림자의 폭을 달리 조정할 수 있다.

복잡한 형태의 그림자 표현(원리는 동일하다.)

공간감각 익히기 1의 해답

이 페이지는 앞서 공부한 입체물(조감형)의 공간감각 익히기의 해답 페이지이다.

여러분의 형태감각의 향상에 도움이 되었는지 확인해 보자.

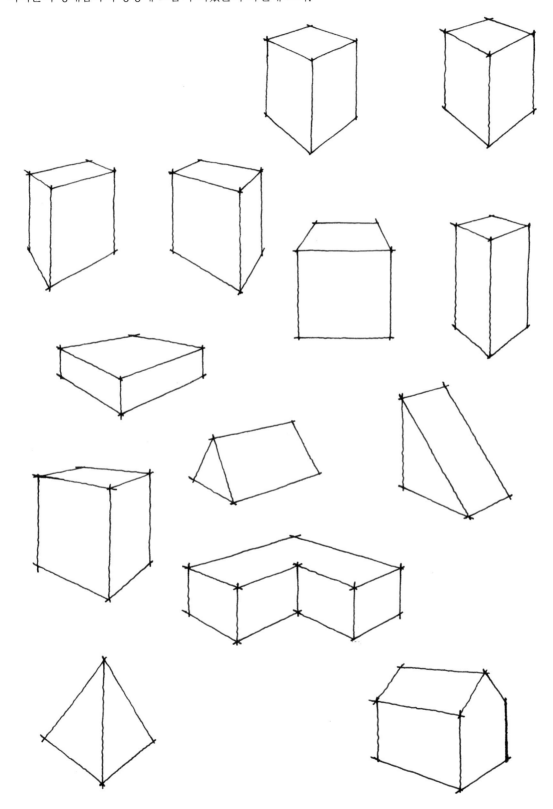

공간감각 익히기 2의 해답

이 페이지는 앞서 공부한 입체물(투시형)의 공간감각 익히기의 해답 페이지이다.

여러분의 형태감각의 향상에 도움이 되었는지 확인해 보자.

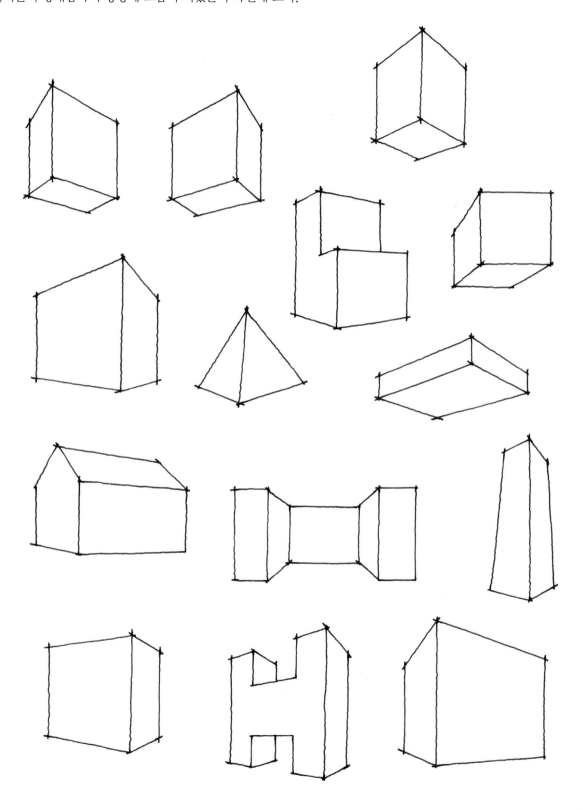

명암과 패턴의 연습

명암 단계 연습

명암은 광원 아래 비춰진 물체의 밝고 어두운 면을 표현해주는 입체적 효과를 내기 위한 기법이다. 명암의 표현에서 중요한 핵심은 밝은 부분에서 시작해서 점차 어두운 면으로 가는 농도의 차이를 나타내는 것이라 할 수 있다. 연필에 있어서의 힘의 조절과 펜에 있어서의 선의 반복된 교차를 이용하여 농도를 조절하는 연습을 해보자.

연필에 의한 명암의 단계조절(흐리게 스치듯 시작하여 점점 힘을 주면서 칠해 간다.)

색연필(검정색)에 의한 명암의 단계조절(연필과 흡사한 느낌이 나온다.)

펜에 의한 명암의 단계조절(펜은 농도가 일정하기 때문에 점차 농도를 진하게 하려면 선을 반복적으로 교차시켜 준다.)

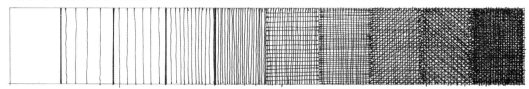

패턴의 연습

패턴은 일정한 모양이 반복되어서 하나의 문양(양식)으로 만들어 지는 것을 말한다. 사물의 표면 질감을 최대한 살려줄 수 있는 모양을 만들어 내는 것이다.

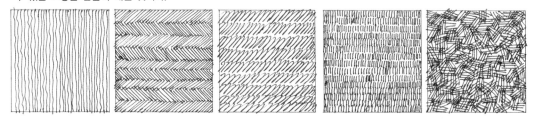

여기에 제시된 패턴 이외에도 많은 종류의 모양을 만들 수가 있다. 기본적인 연습을 통해 손을 훈련하고 여러분들의 느낌과 감각을 살려 멋있는 패턴을 만들어 보기 바란다.

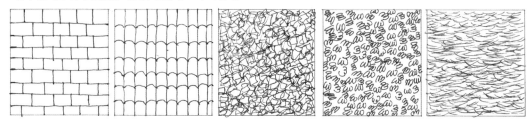

입체물에 명암과 패턴 연습해 보기

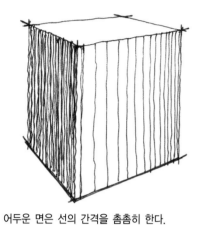

어두운 면은 선의 간격을 촘촘히 한다.

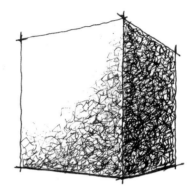

건물의 정면이 빛이 반사되는 부분의 명암효과

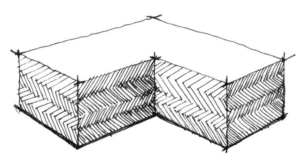

간격을 두고 패턴의 넣을 때는 나누어지는 선의 소점방향 흐름에 유의한다.

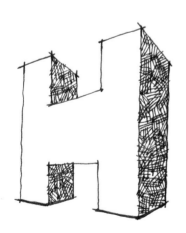

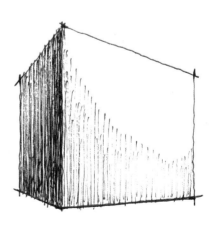

원근법과 투시도의 이해

멀리 보이는 것과 가까이 보이는 것, 그리고 그것들을 거리와 크기 비례에 맞추어 균형 있게 화면(畵面)에 배치하여 그려주는 것이 투시도이자 원근법에 의한 그림이라 할 수 있다. 물론 도법을 익히면 스케치하는데 도움을 받을 수는 있지만, 제도나 드로잉이 목적이 아니라면 형태를 파악하는 기본적인 원리만 충분히 숙지하고 이해한다면 스케치를 하는데 크게 어려움은 없을 것이다. 이 책은 복잡한 도학적인 설명을 하고자 하는 목적이 아니라 기본적으로 꼭 필요한 개념 위주로 구성하였다.

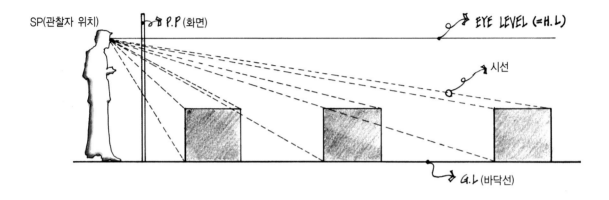

관찰자가 사물을 바라볼 때 물체가 놓여진 위치와 거리에 따라 시선의 길이가 차이가 생겨나고 아래의 그림에서처럼 물체가 관찰자의 위치에서 멀어지면 멀어질수록 점점 크기가 줄어들다가 결국엔 사라져보이게 되는 하나의 결절점이 생겨나는데 그것이 바로 소점이다. 이를 기준으로 모든 물체의 모양을 그려주게 되는데, 관찰자의 바로 앞에 가상으로 투명한 유리창을 놓고 그 유리창에 물체가 보여지는 대로 그리게 되면 입체적인 그림이 나오게 된다. 투시도란 바로 이 유리창을 종이 면으로 설정하여 그려주는 그림이라 할 수 있다.

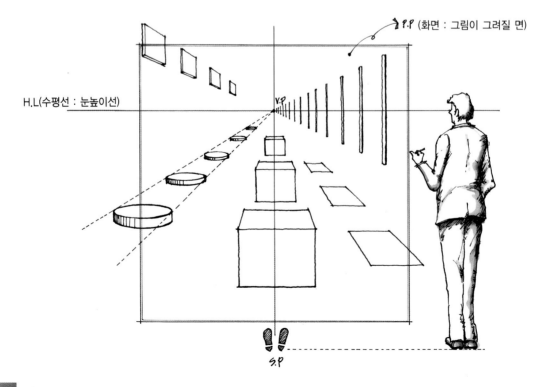

시선의 높이

관찰자의 시선을 기준으로 물체의 위치에 따라 어떻게 보여지는지 살펴보자.

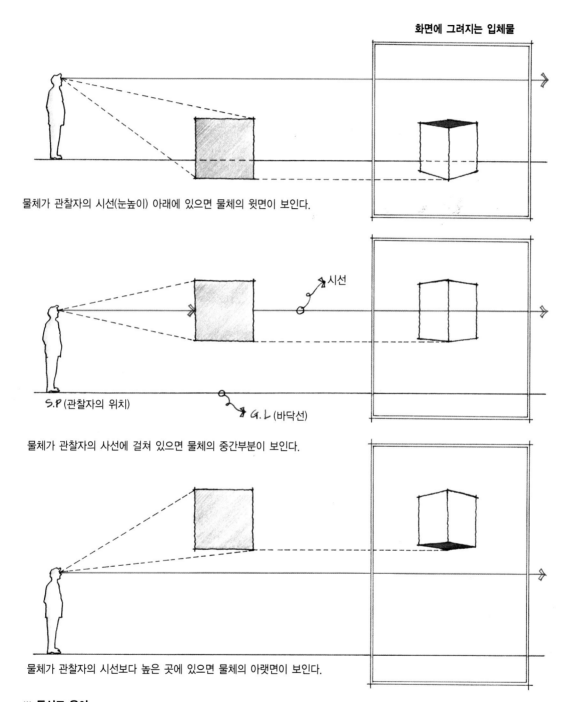

화면에 그려지는 입체물

물체가 관찰자의 시선(눈높이) 아래에 있으면 물체의 윗면이 보인다.

시선

S.P (관찰자의 위치)

G.L (바닥선)

물체가 관찰자의 사선에 걸쳐 있으면 물체의 중간부분이 보인다.

물체가 관찰자의 시선보다 높은 곳에 있으면 물체의 아랫면이 보인다.

※ 투시도 용어

- S.P(Standing Point) : 입점으로 관찰자가 서 있는 위치
- P.P(Picture Plan) : 화면 – 관찰자와 대상 물체 간에 수직으로 설정하는 투영면
- G.L(Ground Line) : 기선 – 물체와 관찰자가 놓여지는 바닥선
- H.L(Horizontal Line) : 수평선 – 화면에 대한 시점의 높이와 같은 수평선으로 Eye Level이라고도 한다.
- V.P (Vanishing Point) : 소점, 소실점이라고도 하며 평행한 선은 화면상에서 한 점에 모이게 되는데 이를 소점이라 한다.

1소점 형상의 변화

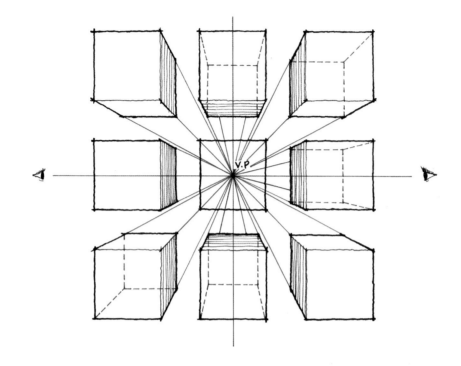

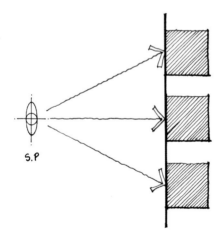

모든 사물에는 소점이 형성된다. 하지만 고정된 점이 아닌 이동성이 있는 점이다. 그것은 사람의 눈이 입체물을 정확히 지각할 수 있는 구조로 되어 있기 때문에 어디에서 사물을 관찰하느냐에 따라서 대상물의 소점의 위치가 달라진다. 여기서 말하는 소점의 개념은 사물을 관찰할 때 평행한 조건에서 보느냐, 불규칙한 조건에서 보느냐에 따라 1개의 소점, 2개의 소점 또는 3개의 소점이 형성될 수 있다. 위의 그림은 관찰자 앞에 평행한 조건에서 물체를 보았을 때 정면을 제외한 모든 선들이 한 곳으로 집중되는 것을 알 수 있다. 바로 한 눈에 그 대상물이 들어오기 때문에 소점이 1개가 형성되는 것이다. 다시 말해서 1소점 투시에서는 정면으로 보이는 면은 수평, 수직으로 보이고 나머지의 선들은 모두 소점으로 향하는 기울기가 있는 선으로 보여진다는 것이다. 우리가 실제 투시도를 작도하게 된다면 이러한 원리를 적용해 스케일의 비례를 빌어 정확한 비례 값을 찾아 그림을 만들어 주는 것이 투시도법이라 할 수 있다.

2소점 형상의 변화

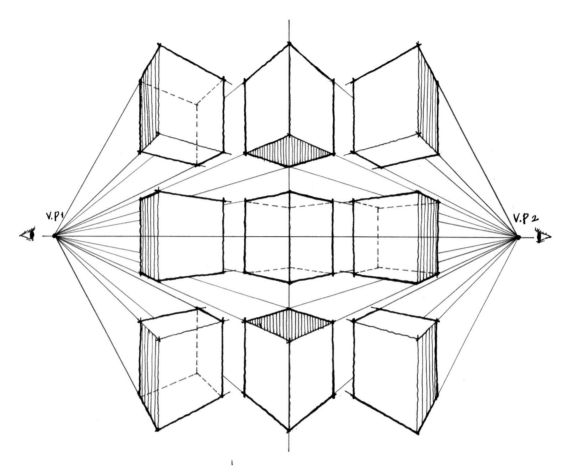

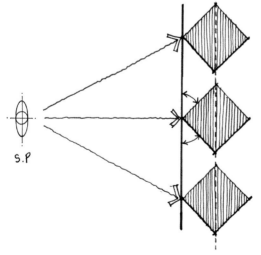

2소점은 말 그대로 소점이 두 개, 즉 입체물을 모서리로 기준 잡아 보았을 경우에 왼쪽과 오른쪽으로 각각의 기울기가 생겨 각기 소점과 연결된다는 것이다. 다만, 여기서 우리가 반드시 기억해 둘 것은 소점이 1개이든 여러 개이든 간에 소점이 만들어지는 눈높이 선은 오직 하나라는 것을 잊지 말아야 한다. 왜냐하면 사람의 두 눈은 평행하게 만들어져 있기 때문이다. 마찬가지로 이 그림을 기초로 소점의 흐름을 인식하고 이해하면서 박스 그리는 연습을 해보기 바란다.

3점 투시형상

아래 그림은 3점 투시도, 즉, 사투시라는 것인데 기존의 2소점에 위 또는 아래에 소점을 하나 더 추가시켜서 입체물의 높이를 좀 과장시키거나 매우 높은 곳에서 물체를 내려다보았을 때 만들어지는 형상을 그리는 방법이다. 예를 들어 헬기를 타고 높은 고도에서 도심의 빌딩들을 내려다보았을 때를 상상해 보면 느낌이 올 것이다. 물론 영화 같은 장면에서도 종종 나오기도 한다.

실무적인 스케치에서는 그리 많이 사용되지 않는 방식이기 때문에 여러분들은 원리적인 것 정도만 알고 넘어가도 된다. 소점의 거리는 정해진 것이 아니라 어느 소점이든 거리 조절이 가능하다. 수평선상의 소점을 조정하면 좌우측 면의 면적이 조정되고 수직선상의 소점 거리를 조정하면 입체물의 수직 길이가 조정이 되므로 필요에 따라 소점거리를 조정하면 된다.

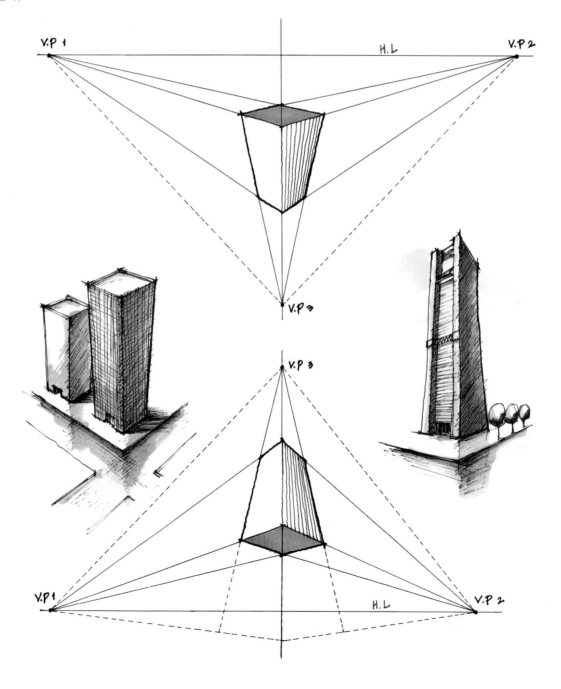

1소점 형태의 여러 가지 모양

1소점 투시형태의 다양한 표정들이다. 내가 어떠한 물체를 그려볼 것인지를 연상하면서 여러 가지 크기와 길이의 박스를 연습해 보자.

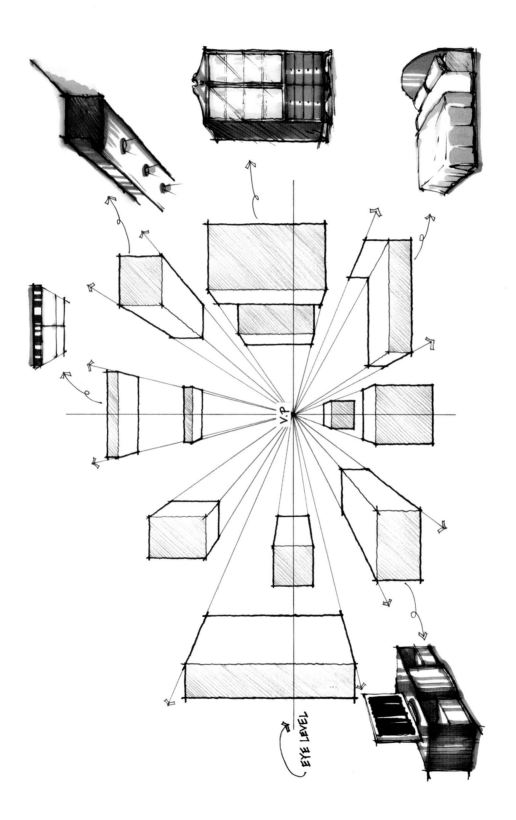

2소점 형태의 여러 가지 모양

2소점 투시형태의 다양한 표정들이다. 2소점에서 유의할 점은 소점의 거리를 결정함에 있어서 눈높이 선상의 좌우측에서 어느 쪽이 길고 짧은가는 보여지는 대로 또는 의도하는 대로 결정을 하면 되는데 가능하면 소점의 거리를 멀리(완만하게) 잡아주는 것이 좋다. 소점거리가 지나치게 짧으면 물체가 관찰자 가까이 근접하게 되어 형태가 왜곡되어 보여질 수 있기 때문이다.

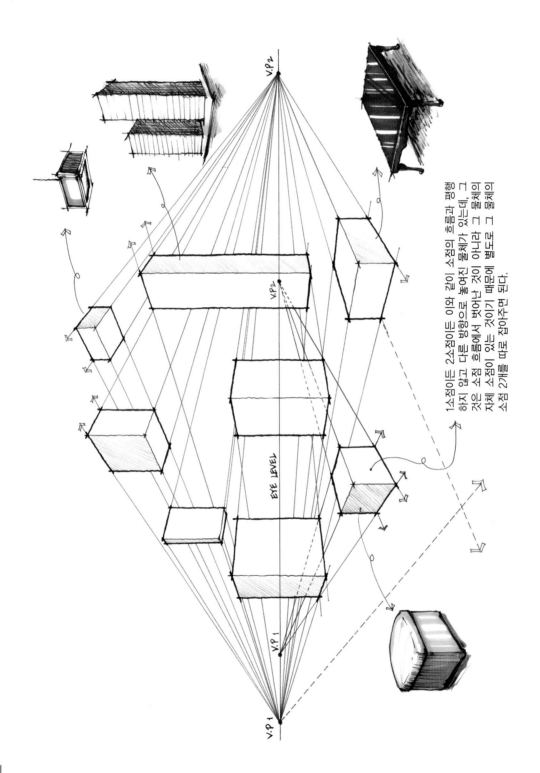

1소점이든 2소점이든 이와 같이 소점이 흐름과 평행하지 않고 다른 방향으로 붙어진 물체가 있는데, 그것은 소점 흐름에서 벗어난 것이 아니라 그 물체이 자체 소점이 있는 흐름이 있기 때문에 별도로 그 물체이 소점 2개를 따로 잡아주면 된다.

채색도구의 활용

스케치나 드로잉을 위한 채색도구는 주로 마커, 색연필, 파스텔을 많이 사용하게 되는데 여기서는 우선 가장 많이 사용되는 마커와 색연필에 대해 언급하도록 하자.

마커 (Marker)

보편적으로 컬러링에 많이 사용되는 마커에는 알코올 성분이 들어 있어 건조가 빠르고 빠른 시간에 채색할 수 있으며 발색이 확실한 장점을 갖고 있다. 어느 정도의 혼색도 가능하지만, 색의 채도가 떨어지는 단점도 있다. 마커를 처음 사용하는 사람이라면 색감이 부드럽고 연한 색이 칠해지는 마커를 가지고 시작하는 편이 좋다. 보통 색의 종류는 120색 정도가 있고 그 중 유채색계가 90색, 무채색계(회색계열)가 30색이 있다.

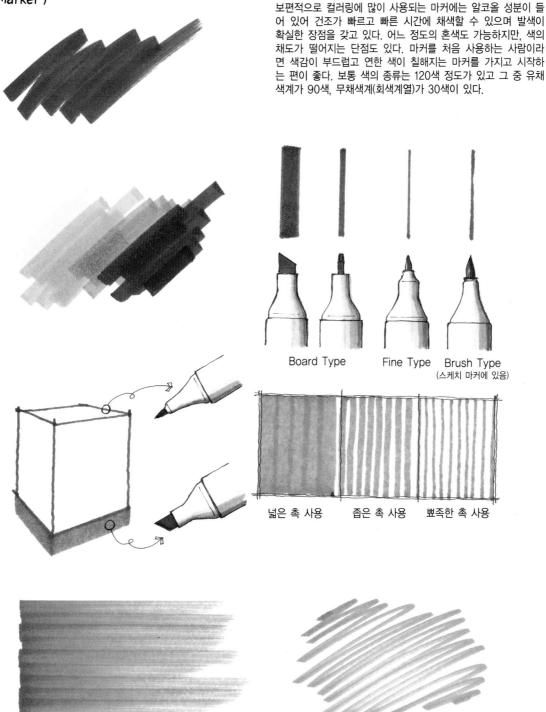

Board Type　　Fine Type　　Brush Type
(스케치 마커에 있음)

넓은 촉 사용　　좁은 촉 사용　　뾰족한 촉 사용

넓은 촉으로 빠르게 칠한 표현

좁은 촉으로 빠르게 칠한 표현

동일한 색의 겹침으로 인한 농도의 변화

● **마커의 심 회전 기법** : 마커를 지면에 긁듯이 손을 떨듯이 회전시키면서 칠하는 방법으로 대리석 같은 질감 등을 표현할 때 사용된다.

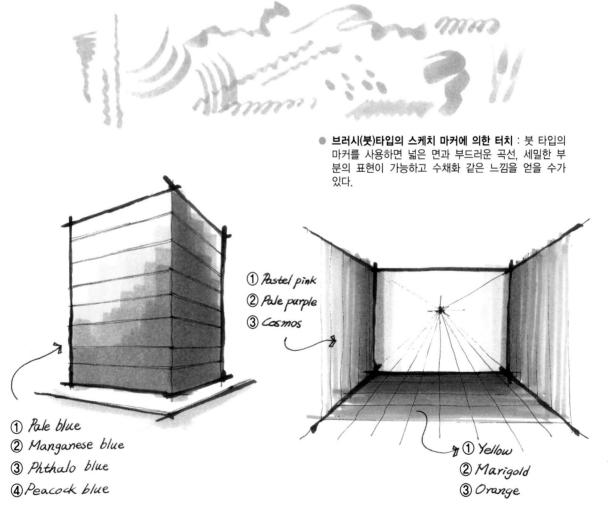

● **브러시(붓)타입의 스케치 마커에 의한 터치** : 붓 타입의 마커를 사용하면 넓은 면과 부드러운 곡선, 세밀한 부분의 표현이 가능하고 수채화 같은 느낌을 얻을 수가 있다.

① Pastel pink
② Pale purple
③ Cosmos

① Pale blue
② Manganese blue
③ Phthalo blue
④ Peacock blue

① Yellow
② Marigold
③ Orange

위의 그림처럼 마커로 색을 입힐 때에는 계통색(유사색)을 밝은 색부터 진한색의 단계로 3~4개 색을 선택하여 밝은 색을 제일 많은 면적으로 칠하고 진하게 갈수록 칠하는 면적을 줄여주면 그라데이션 효과를 만들 수가 있다.

색연필

색연필은 크게 유성과 수성 색연필로 구분한다. 수용성 색연필은 물에 녹아 수채화 같은 효과를 나타낼 수 있다는 특징을 가지고 있으나 발색력이 약하다. 반면에 유성 색연필은 수정은 어렵지만 발색이 좋아서 스케치를 하고자 하는 사람에게 권장할 수 있는 색연필이다. 또 챠코르 펜슬이라 해서 주로 목수들이 사용하는 색연필이 있는데, 종이껍질을 벗겨가면서 사용하는 특징이 있고 발색이 매우 강한 특색을 가지고 있는 색연필도 있다. 색연필은 그 자체로도 스케치를 하기도 하지만 마커로 표현되기 어려운 질감 등을 처리하는데도 많이 사용되기도 한다.

목재의 재질 표현

벽돌의 재질표현

직물의 재질표현

색연필로 표현된 이미지

욕조의 표현(색연필)

도로와 자동차의 표현(색연필)

Museum of Traditional Art.

펜 작업 후 색연필로 채색

건축재료/마감재의 표현

　건축물의 표면을 묘사하거나 실내 인테리어를 위한 마감재를 표현할 때에는 그 재료의 물리적 특성과 색을 잘 관찰하고 최대한 그 특징을 살려 그려주려고 노력해야 한다. 그리고 결과물을 만들었을 때 실물과 비슷하다는 느낌을 얻게 되면 자신의 기법이 터득된 것이기 때문에 점점 반복해서 그릴수록 속도가 빨라질 것이다. 모든 일이 마찬가지겠지만 반복적인 습작 없이는 속도감이 생겨날 수가 없는 것이다. 아래의 그림들을 참고자료로 활용하길 바라고 채색연습은 마커가 어느 정도 익숙해진 다음 연습하길 바란다.

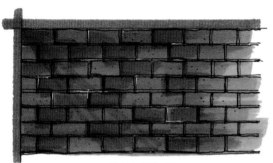

벽돌의 재질표현

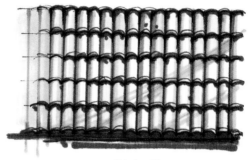

기와의 표현

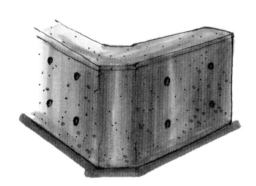

콘크리트의 재질표현

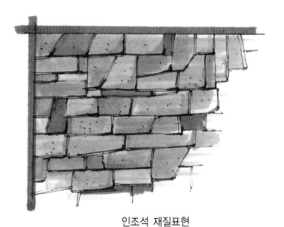

인조석 재질표현

실내 바닥 목재 플로링 표현

타일의 표현

유리(거울)의 재질 표현

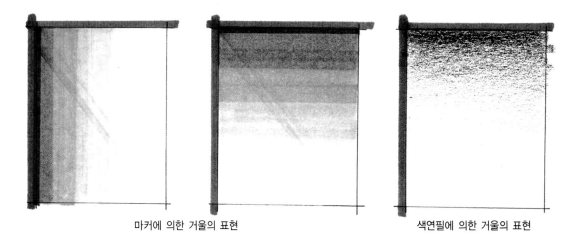

마커에 의한 거울의 표현   색연필에 의한 거울의 표현

유리는 반사재로서 그 자체는 색이 없는 투명한 성질을 가지고 있다. 건축 외장재로는 가공할 때의 색을 첨가해서 만들기도 하지만 여기서는 기본적인 특성을 표현한 것이다. 색은 원래 없지만 입체감을 위해서 무채색계열(회색계열)로 농도를 조절하면서 그라데이션을 만들어준다. 예를 들어 마커의 cool gray 1번, 3번, 5번, 7번의 순으로 칠해준다는 의미이다. 물론 항상 마커를 칠할 때는 가장 밝은 색(면적 넓게)으로부터 점차 진한 색(면적 좁게)으로 칠해준다는 것을 기억해 둔다.

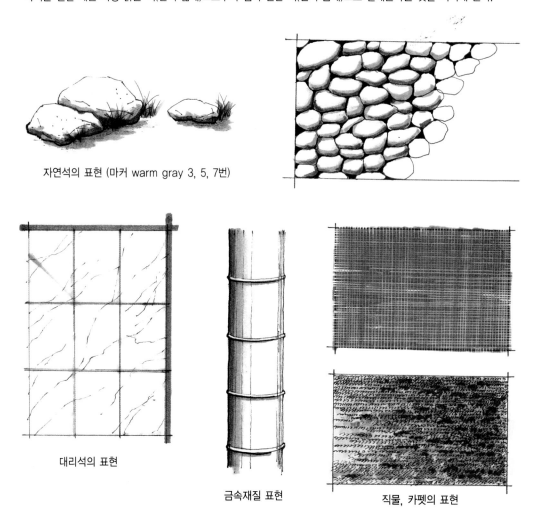

자연석의 표현 (마커 warm gray 3, 5, 7번)

대리석의 표현

금속재질 표현

직물, 카펫의 표현

Chapter 02

건축의 구성요소 그리기

이 단원에서는 건축스케치를 위한 기본적인 표현으로 평면적 요소와 입면적인 요소, 그리고 건축 환경적 요소의 입체적인 표현을 배워보자. 건축스케치는 미술적 표현이라기보다는 설계적인 성격이 강하다. 그래서 평면의 설계적인 이해와 도법의 활용으로 디자인하고자 하는 구상을 표현하는 것이라 할 수 있다. 평면과 입면을 그릴 때에는 아무리 빠른 속도로 그려야 한다 해도 수평선과 수직선의 기준 틀이 맞지 않으면 이미지의 모양새가 좋지 못하다. 다른 요소들은 자유롭게 연습하되 수평과 수직선의 표현만큼은 충분한 눈과 손의 훈련을 해야 한다.

건축스케치에서는 평면과 입면, 단면의 표현 요소보다는 주변 환경 점경물의 표현이 좀 까다롭다. 그래서 주변 점경물들의 샘플 자료를 디테일하게 묘사하여 추가하였으니 이미지의 관찰과 연습에 활용하기 바란다.

건축의 환경적 요소 표현

평면적 요소 그리기

　다음의 그림은 주로 건축에 있어 배치도, 단지계획 등에서 표현되는 평면적인 건물의 이미지이다. 평면으로 보이는 것에 입체감을 주기 위해 일정한 방향으로 그림자를 표현해 주는데, 건물의 높이를 그림자의 두께로 조절해 줄 수가 있다. 그림자의 기울어지는 각도는 보통 45도를 적용해 준다. 마커를 사용할 때에는 넓은 쪽의 경사진 부분을 45도 각 방향에 맞추어 칠해 준다. 그림자 색은 주로 무채색(Gray계열)의 5, 7번 정도로 사용해 준다.

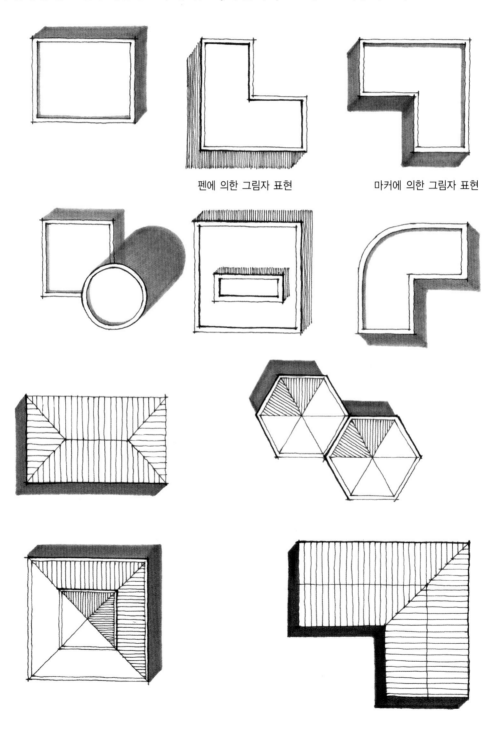

펜에 의한 그림자 표현　　　　　마커에 의한 그림자 표현

건축, 인테리어 스케치의 기초

건물 평면 그려보기

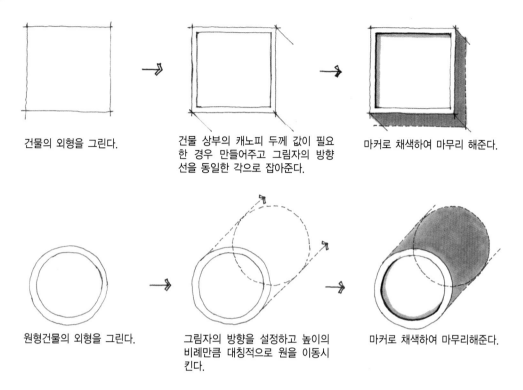

건물의 외형을 그린다.

건물 상부의 캐노피 두께 값이 필요한 경우 만들어주고 그림자의 방향선을 동일한 각으로 잡아준다.

마커로 채색하여 마무리 해준다.

원형건물의 외형을 그린다.

그림자의 방향을 설정하고 높이의 비례만큼 대칭적으로 원을 이동시킨다.

마커로 채색하여 마무리해준다.

※ 아래 그림에서 입체적인 건물의 그림자와 비교하여 평면상의 그림자를 표현해 보기 바란다.

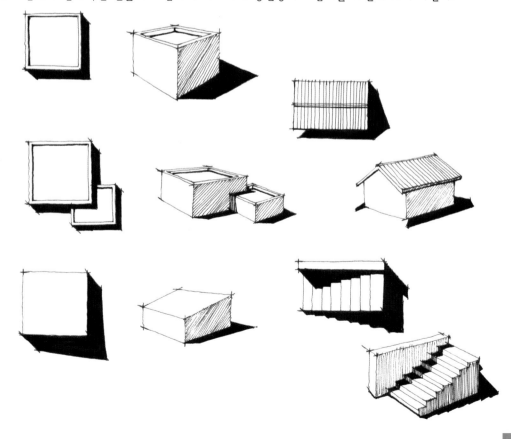

평면상에 표현되는 수목의 종류 알아보기

도시환경 디자인이나 조경설계를 할 때 건축물의 주변 환경을 표현해 주는 요소 중에 하나로써 수목의 종류에 따라 일정한 모양을 달리 표현해서 구분해 주는데 그 대표적인 유형 몇 가지를 모아보았다.

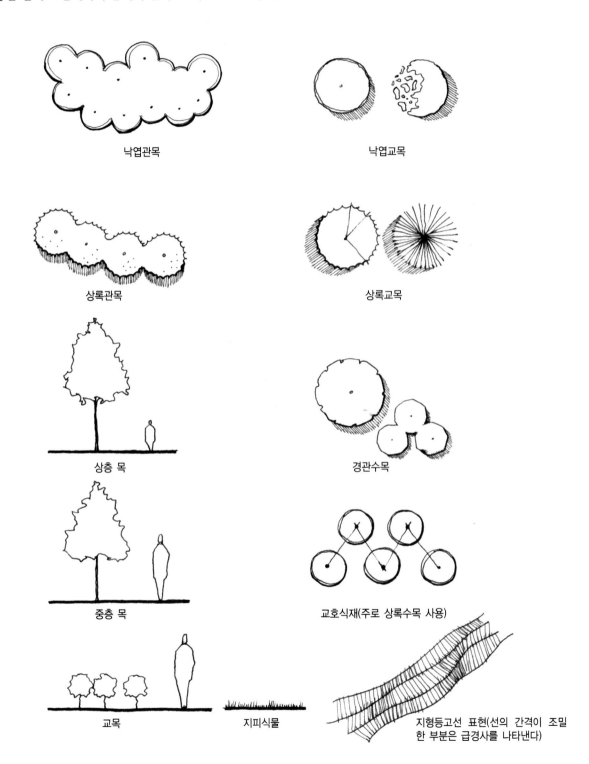

낙엽관목

낙엽교목

상록관목

상록교목

상층 목

경관수목

중층 목

교호식재(주로 상록수목 사용)

교목

지피식물

지형등고선 표현(선의 간격이 조밀한 부분은 급경사를 나타낸다)

펜에 의한 평면 수목표현

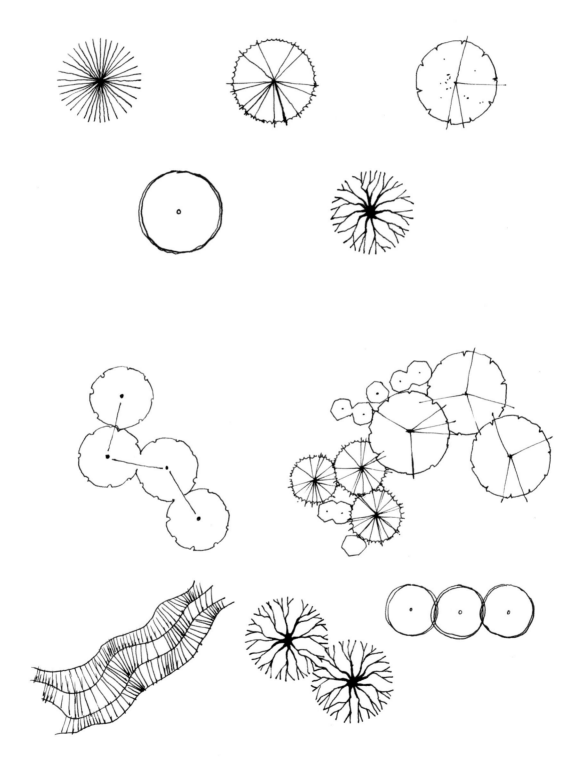

마커 채색에 의한 평면 수목표현

평면 수목 그려보기

원을 손으로 한 번에 그리기가 어려우므로 처음엔 템플릿(원형자)를 이용하여 연필로 밑그림 원형을 그려놓은 다음에 시작한다.

작도순서

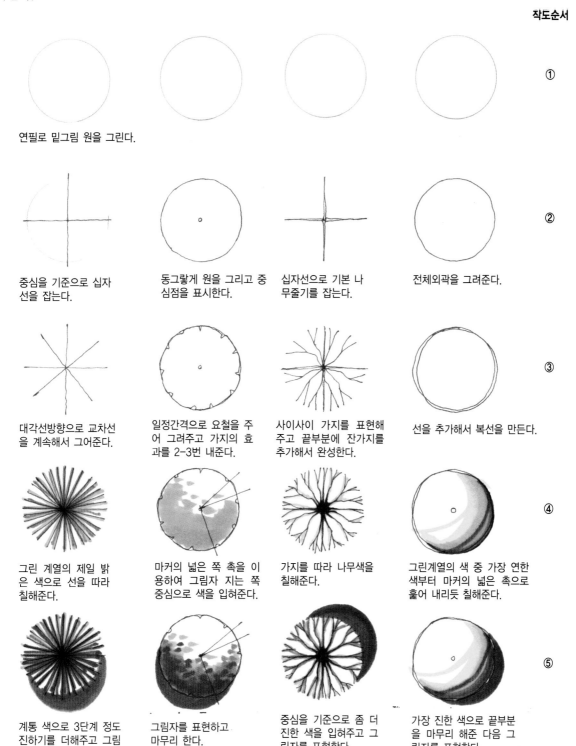

연필로 밑그림 원을 그린다. ①

중심을 기준으로 십자
선을 잡는다.

동그랗게 원을 그리고 중
심점을 표시한다.

십자선으로 기본 나
무줄기를 잡는다.

전체외곽을 그려준다. ②

대각선방향으로 교차선
을 계속해서 그어준다.

일정간격으로 요철을 주
어 그려주고 가지의 효
과를 2-3번 내준다.

사이사이 가지를 표현해
주고 끝부분에 잔가지를
추가해서 완성한다.

선을 추가해서 복선을 만든다. ③

그린 계열의 제일 밝
은 색으로 선을 따라
칠해준다.

마커의 넓은 쪽 촉을 이
용하여 그림자 지는 쪽
중심으로 색을 입혀준다.

가지를 따라 나무색을
칠해준다.

그린계열의 색 중 가장 연한
색부터 마커의 넓은 촉으로
훑어 내리듯 칠해준다. ④

계통 색으로 3단계 정도
진하기를 더해주고 그림
자를 표현한다.

그림자를 표현하고
마무리 한다.

중심을 기준으로 좀 더
진한 색을 입혀주고 그
림자를 표현한다.

가장 진한 색으로 끝부분
을 마무리 해준 다음 그
림자를 표현한다. ⑤

러프라인(Rough Line)에 의한 이미지 스케치(A4 용지 위에 플러스 펜과 마커 사용)

입면상의 수목 표현

입면상의 수목을 표현할 때는 나무를 수직으로 자른 단면처럼 이해하는 것이 표현상에 도움이 된다. 즉, 하나의 평평한 판처럼 가지의 모습만을 표현하는 경우가 많다. 수종에 따라 모양새를 달리 하는데 활엽수종의 경우에는 원형이나 부채꼴 형으로 해 주고 침엽수종은 원추나 기둥형태로 표현해 준다. 채색은 필요에 따라 선택사항이 된다.

입면상의 수목 그려보기

입면상의 나뭇가지나 줄기를 표현할 때는 나무가 밑에서부터 위로 자라는 것을 염두에 두고 가지는 한 몸에서 동시에 두 개가 나가지 않는다는 것에 유의해야 한다. 그래서 좌우가 엇갈리게 가지를 그려주는 것이다.

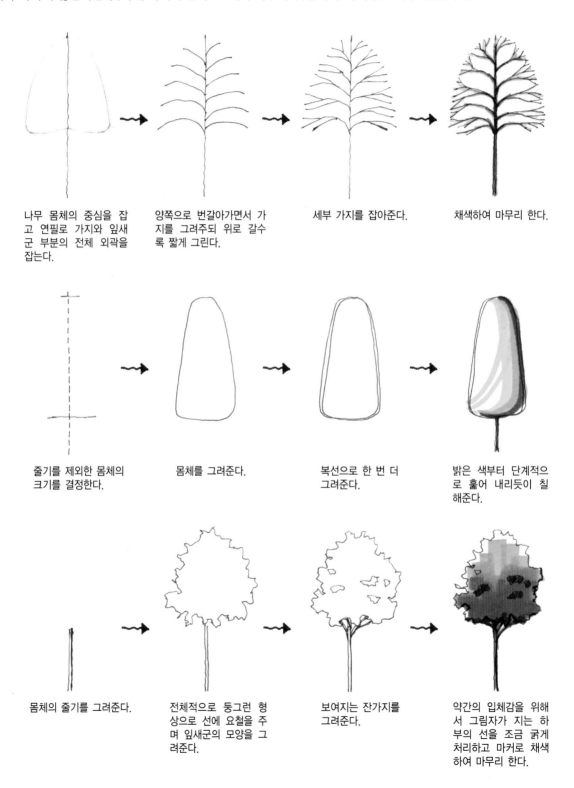

나무 몸체의 중심을 잡고 연필로 가지와 잎새군 부분의 전체 외곽을 잡는다.

양쪽으로 번갈아가면서 가지를 그려주되 위로 갈수록 짧게 그린다.

세부 가지를 잡아준다.

채색하여 마무리 한다.

줄기를 제외한 몸체의 크기를 결정한다.

몸체를 그려준다.

복선으로 한 번 더 그려준다.

밝은 색부터 단계적으로 훑어 내리듯이 칠해준다.

몸체의 줄기를 그려준다.

전체적으로 둥그런 형상으로 선에 요철을 주며 잎새군의 모양을 그려준다.

보여지는 잔가지를 그려준다.

약간의 입체감을 위해서 그림자가 지는 하부의 선을 조금 굵게 처리하고 마커로 채색하여 마무리 한다.

펜에 의한 수목 입체 표현

입면 표현의 기본 뼈대를 바탕으로 선의 추가와 그림자 지는 부위의 개략적인 명암처리를 통해 좀 더 입체감 있는 수목을 표현해보자. 잎이 많지 않은 나무의 경우는 아래 그림처럼 가지 그리는 방법에 주의한다.

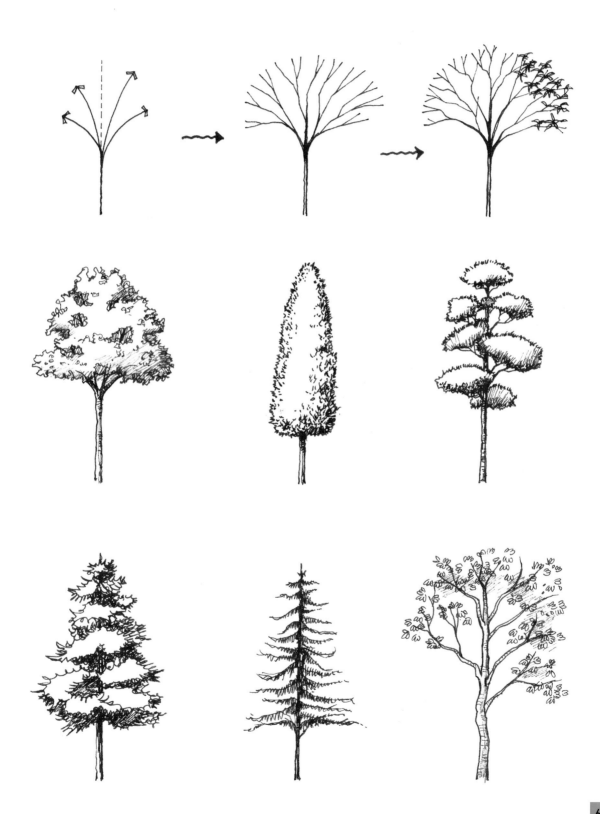

수목의 입체적 표현
마커채색에 의한 수목 입체표현

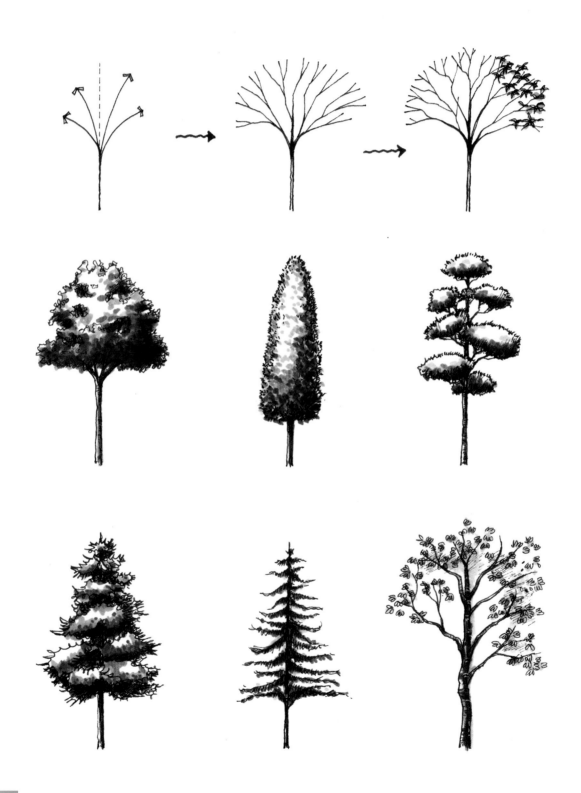

수목 입체 그려보기

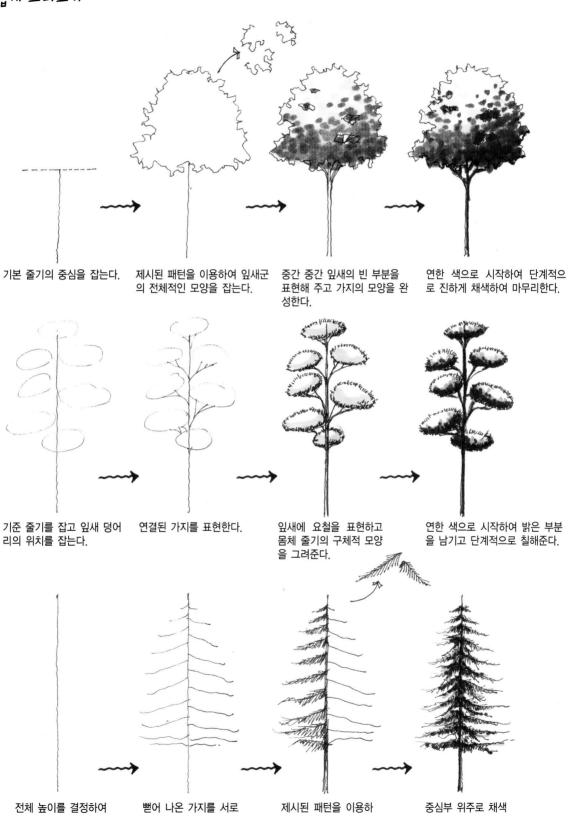

기본 줄기의 중심을 잡는다.

제시된 패턴을 이용하여 잎새군의 전체적인 모양을 잡는다.

중간 중간 잎새의 빈 부분을 표현해 주고 가지의 모양을 완성한다.

연한 색으로 시작하여 단계적으로 진하게 채색하여 마무리한다.

기준 줄기를 잡고 잎새 덩어리의 위치를 잡는다.

연결된 가지를 표현한다.

잎새에 요철을 표현하고 몸체 줄기의 구체적 모양을 그려준다.

연한 색으로 시작하여 밝은 부분을 남기고 단계적으로 칠해준다.

전체 높이를 결정하여 몸체 줄기를 잡는다.

뻗어 나온 가지를 서로 엇갈리게 그려준다.

제시된 패턴을 이용하여 잎새의 모양을 빠른 속도로 그려준다.

중심부 위주로 채색하여 마무리 한다.

러프라인에 의한 수목 입체 표현(A4 용지에 플러스 펜과 마커 사용)

인물의 표현

인물의 표정과 비례 살펴보기

건축이나 인테리어 스케치에 있어서 인물의 역할은 건축물의 스케일감이나 실내에 있어서의 생동감이나 사실감을 불어 넣어주는 효과를 준다. 물론 디테일하게 묘사하는 것은 투시도나 렌더링의 차원에서는 적합하겠지만, 스케치에 있어서는 개략적인 표현을 요구하게 된다. 그러기 위해서는 인체의 비례나 행동의 표정들을 살펴볼 필요가 있다. 인체의 비례는 보통 머리의 크기를 기준으로 7~8 등신으로 구분되며 상체보다는 하체를 조금 더 길게 표현해 주어야 비례적으로 보기가 좋다. 아래 그림을 참고하여 정면, 측면, 뒷모습의 이미지와 비례를 먼저 익혀 보는 자료로 활용하기 바란다.

남성

여성

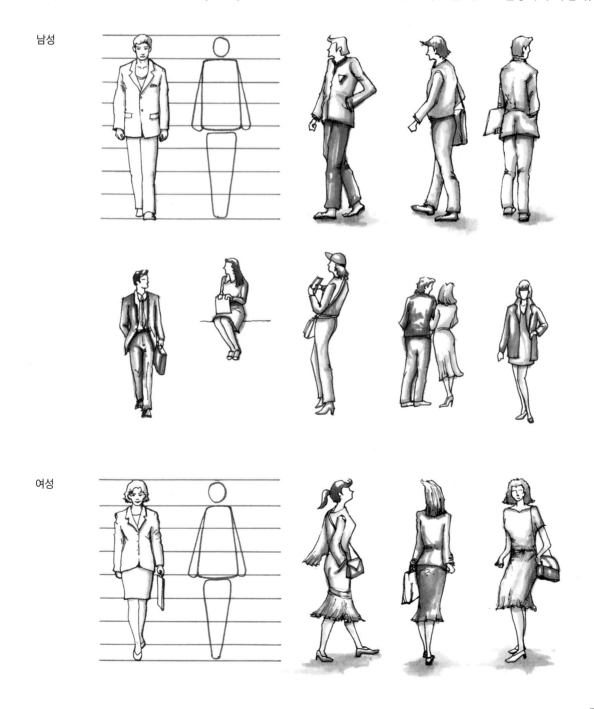

원근감에 의한 인물의 비례 날펴보기

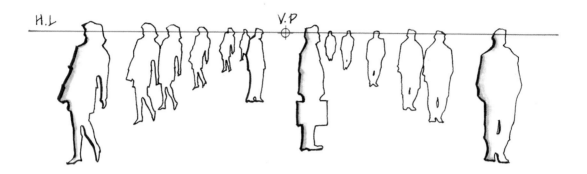

동일한 눈높이에서의 1소점 구도에서 바라본 인물의 크기 변화이다. 관찰자 가까이에서 멀어질수록 작게 보이고 그 윤곽선이 단순해지는 것을 볼 수가 있다. 따라서 원경에 있는 인물의 표현은 단순한 약식의 방법을 사용해서 그려준다.

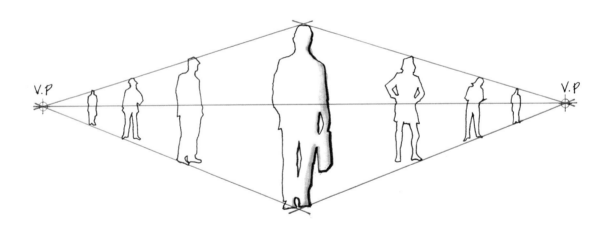

2소점 구도에서 바라보았을 때는 눈높이에 의하지 않은 좌우측의 소점방향 흐름선에 기준을 둔다. 예를 들자면 관찰자가 건물의 모서리를 보고 있을 경우 좌측에 있는 사람들은 점차 좌측 소점방향으로 가면서 작아지고, 우측에 있는 사람들은 우측 소점 방향으로 가면서 작아져 보이는 것을 연상하면 이해가 될 것이다.

인물의 간략표현

 인물을 간략히 표현한 이미지이다. 유의할 점은 항상 머리를 기준으로 중심축을 유지하고 몸체가 앞이나 뒤로 휘어지지 않게 한다. 어깨선을 평행하게 하면 정면이나 뒷모습이 되고 어깨선에 기울기를 주면 측면이나 반측면의 모습이 만들어진다.

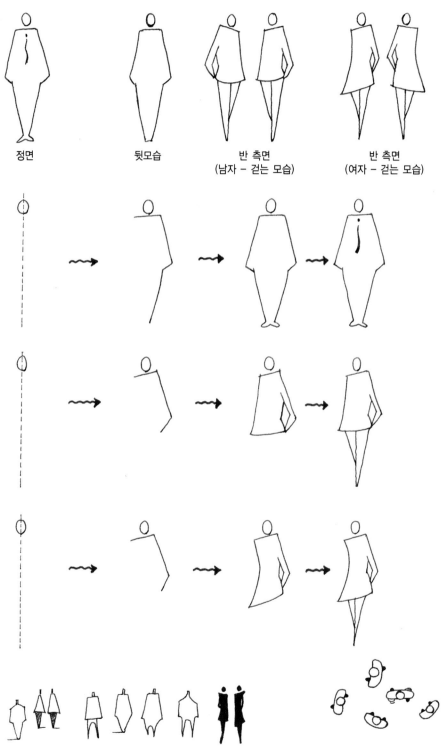

정면　　　　　뒷모습　　　　　반 측면　　　　　반 측면
　　　　　　　　　　　　　　　(남자 - 걷는 모습)　(여자 - 걷는 모습)

건물에 딸린 원경의 사람 표현　　　　　위에서 내려다 본 사람 모습(평면상의 표현)

자동차의 표현

자동차를 관찰해보자

자동차도 역시 건물의 스케일 감을 살려주는 중요한 요소 중의 하나이다. 아래의 원본 이미지들은 필자가 여러 분들이 자동차의 사진이나 실물을 보고 묘사하는 불편함을 줄이기 위해 최대한 실제에 가깝게 묘사하려 노력했다. 우리가 늘 접하는 것이지만 막상 그리려 하면 그 모양새를 갖추기가 쉽지 않은 것이 자동차이다. 따라서 우선은 자동차의 외형적인 구조와 비율, 바퀴의 위치 등을 먼저 살펴봐야 할 것이다. 실제 스케치에서는 이렇게까지 그릴 필요는 없겠지만, 개략적인 표현을 하더라도 기본 구조는 맞게 표현해 주어야 한다.

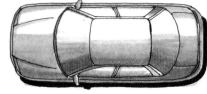

평면상의 간략표현 그려보기

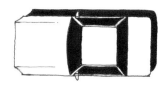

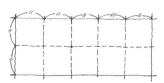

1단계 : 가로 : 세로 5:2 정도의 비율로
　　　　직사각형을 그린다.

3단계 : 창 부분의 프레임
　　　　선을 그어준다.

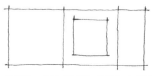

2단계 : 가로 2부터 4까지 사각형을 만들어
　　　　주고 내부에 두껍지 않게 간격을 띄
　　　　워 사각형을 하나 더 그려준다.

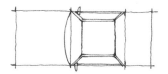

4단계 : 측면부에만 프레임 선의 두께를 잡아
　　　　주고 앞 유리의 곡선처리를 해주고
　　　　사이드미러를 그려준다.

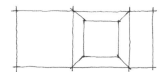

5단계 : 유리를 진하게 칠해주고 동체의 앞 뒤 모서
　　　　리를 처리해 준다. 그림자는 빛의 반대방향으
　　　　로 잡아주되 차체의 선에서 약간 층이 지도
　　　　록 대각선 방향으로 칠해준다.

투시형태의 자동차 표현

자동차는 보여지는 위치나 상황에 따라 각기 그 모습을 달리 한다. 따라서 다각도의 방향에서 본 자동차의 모습을 우리는 그려볼 필요가 있다. 여기서는 가장 평범하게 사용되는 투시형태와 조감형태의 자동차를 연습해 보도록 하자.

투시형 우측면

투시형 좌측면

투시형 자동차 간략 표현 (전체적으로 직육면체의 상자형으로 그려주고 앞 뒤 구분 정도만 표현하고 나머지는 생략한다.)

1단계 : 수평으로 보조선을 긋고 모서리 중심선을 그은 다음 좌우로 기울기 선을 잡아 준다(이때 각을 절대 크게 잡으면 안 된다. 각을 크게 잡게 되면 위에서 내려다본 조감형태가 되기 때문에 주의한다).

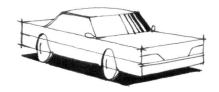

2단계 : 하부 동체의 높이 값을 결정해서 직육면체의 형태로 박스를 그리고 박스의 중심보다 조금 앞쪽의 위치에 선을 나눠준다.

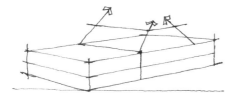

3단계 : 범퍼와 몰딩라인을 잡아주고 앞 유리 끝선에서 약 45도 각도로 사선을 그은 다음 나머지 지점의 선들도 위쪽으로 모이는 느낌으로 올려 그어준 다음 창의 높이를 설정해 사다리꼴이 되게 만들어 준다.

4단계 : 지붕을 약한 곡면으로 마무리해 주고 바퀴를 그려준다(이때 바퀴 선은 원이 아니라 타원형이 되어야 한다는 것에 주의한다- 앞 뒤 바퀴의 위치를 유심히 보아두도록 한다).

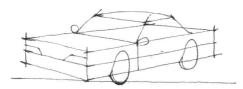

5단계 : 바퀴의 두께 값을 잡아주고 사이드 미러와 헤드라이트를 표시해 준다.

6단계(완성) : 입체적인 효과를 위해 유리면의 명암과 차 밑 그림자를 추가해 준다- 이때 그림자의 폭은 차체의 폭을 넘어가지 않게 한다).

조감형태의 자동차 그리기

자동차를 높은 건물 위에서 내려다보게 되면 지면에서 보는 것과는 다르게 자동차의 지붕면이 많이 보이는 것을 경험해 보았을 것이다. 그래서 자동차의 측면부가 아주 낮게 보이고 바퀴도 밑으로 눌려 보이게 된다. 조감형태를 그려줄 때에는 동체의 모서리를 기준으로 형성되는 기울기의 각도를 크게 잡아주어야 하는 것에 유의해서 그려주어야 한다.

조감형 우측면

조감형 좌측면

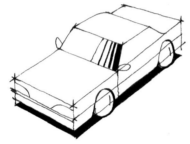

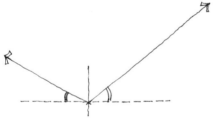

1단계 : 수평 보조선과 중심 모서리 선을 잡고 기울기 각도를 크게 잡아 준다. 이때 왼쪽보다는 오른쪽을 더 크게 잡아준다.

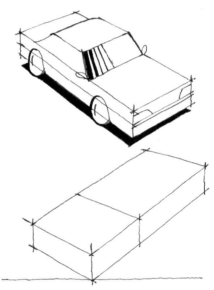

2단계 : 동체높이를 투시형 보다는 조금 얇게 잡아 직사각형의 박스를 그려주고 중심보다 조금 앞쪽으로 선을 나눠준다.

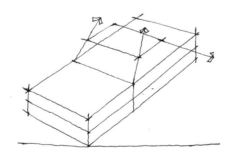

3단계 : 앞쪽의 유리창 선을 모아주듯 올려서 지붕의 사각 면을 완성하고 뒷유리 선은 하부 동체 밖으로 빠지는 느낌으로 선을 그어준다.

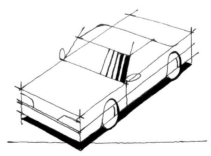

4단계(완성) : 투시형에서처럼 범퍼 라인, 사이드 미러, 바퀴, 헤드라이트 부분을 완성하고 그림자를 처리해 준다. 이때 바퀴의 수직 길이는 투시형 보다는 낮게 해 준다.

건축 환경적 표현을 위한 관계/심벌 1

펜에 의한 표현

아래 그림은 건물의 배치도나 입면, 단면에서의 건축적인 주변 환경 요소들의 상관관계를 시각적으로 표현하기 위해 사용되는 심벌이다. 특히 여기서 화살표를 사용하여 나타내는 것은 목적물과의 상호관계, 동선의 흐름, 보행자의 통로, 자동차의 동선 등을 나타내는 것으로 동적인 관계를 표현할 때 주로 사용된다.

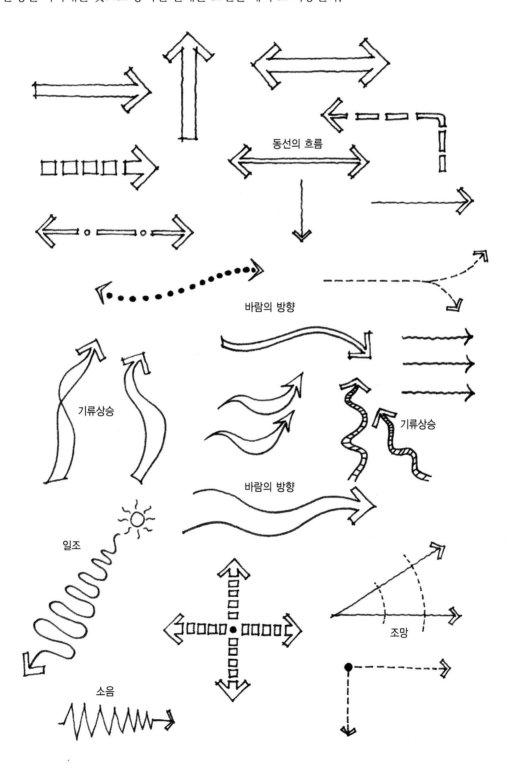

건축 환경적 표현을 위한 관계/심벌 채색

펜 작업된 밑그림에 채색을 해보자. 채색도구와 컬러는 정해진 것이 아니기 때문에 표현하고자 하는 환경적 요소에 어울리는 색을 선택하면 된다.

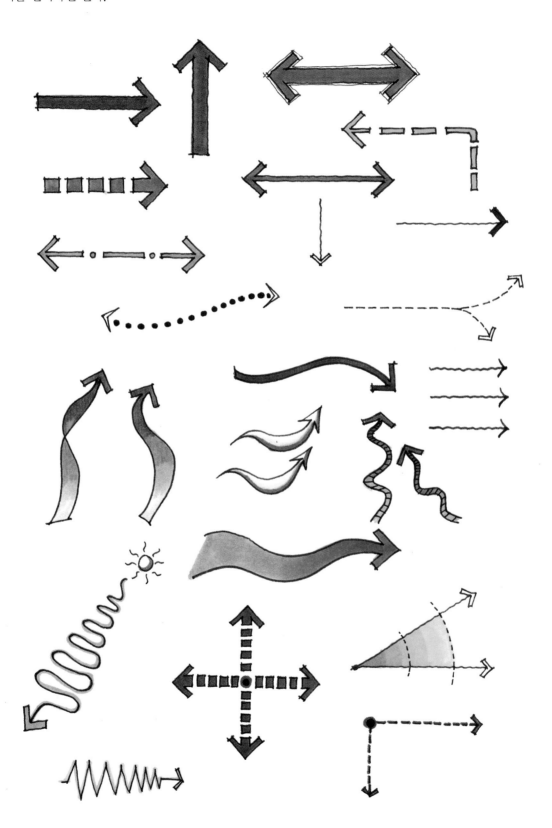

건축 환경적 표현을 위한 관계/심벌 2

펜에 의한 표현

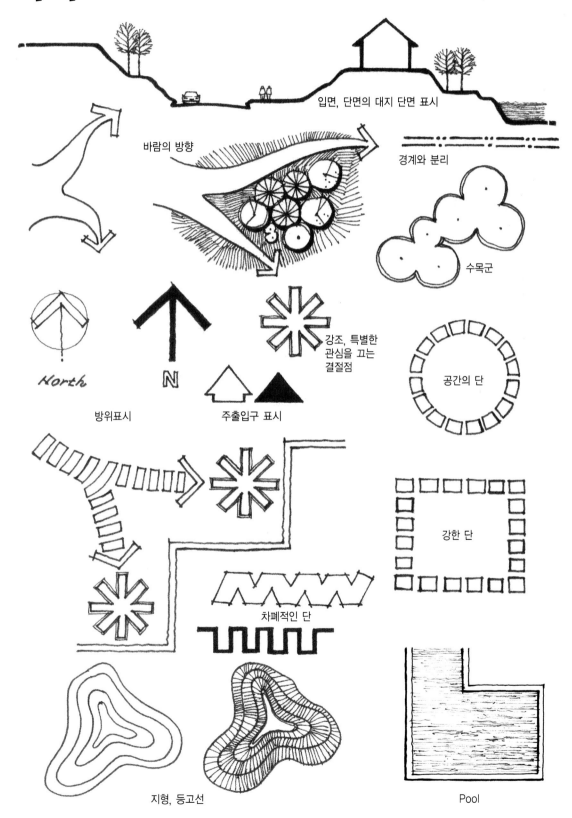

입면, 단면의 대지 단면 표시

바람의 방향

경계와 분리

수목군

North

방위표시

강조, 특별한 관심을 끄는 결절점

주출입구 표시

공간의 단

강한 단

차폐적인 단

지형, 등고선

Pool

건축 환경적 표현을 위한 관계/심벌 2 채색

펜 작업된 밑그림에 채색을 해보자. 채색도구와 컬러는 정해진 것이 아니기 때문에 표현하고자 하는 환경적 요소에 어울리는 색을 선택하면 된다. 참고로 원형 형태의 경우는 처음에는 템플릿(원형자)를 사용하여 연습하기 바란다.

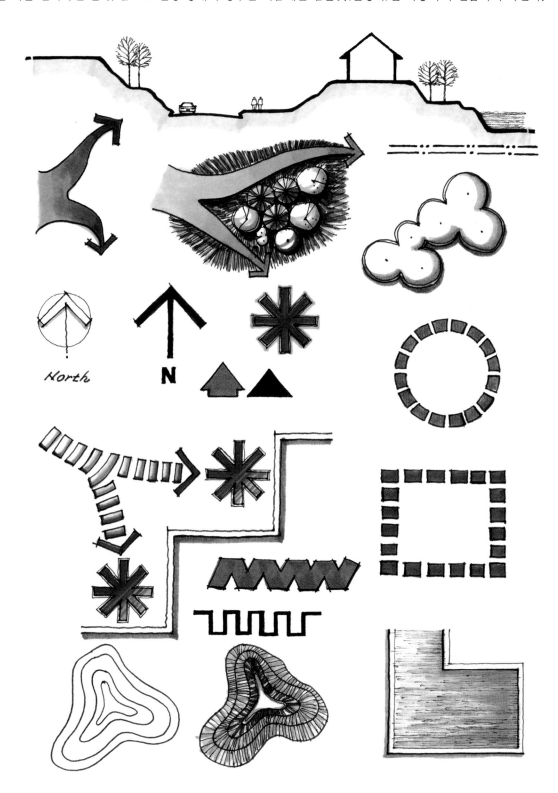

건축의 평면적 이미지 그려보기

배치도 (site plan / plot plan) 그리기

앞에서 배운 내용들을 조합하여 평면상의 전체적 이미지를 그려보자. 여기서는 여러분에게 디자인이나 설계적 측면을 이야기하는 것이 아니라 기본적인 표현 방법을 연습해 보는 것이기에 부담을 갖지 말고 반복해서 그려보라. 평면이나 입면상의 표현에 있어서는 수평과 수직선을 평행하게 잘 맞추어 그리는 것이 우선적으로 중요하다. 그리고 입체감을 위해서 그림자의 표현도 잊지 말아야 한다.

예제 1

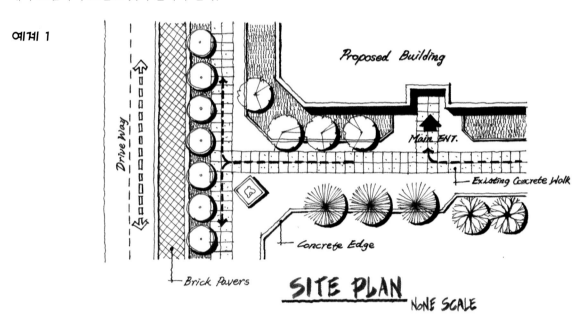

예제 2

배치도 (site plan / plot plan) 채색

채색을 할 때 수목이나 자연 경관, 물 등은 그 요소의 특성에 맞는 색을 선택해 주지만, 건물(빌딩 등)이나 도로, 콘크리트, 그림자의 표현 등은 Gray 계통(회색계열)을 사용하여 처리해 준다.

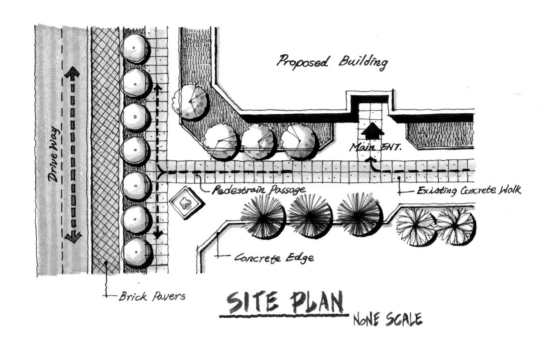

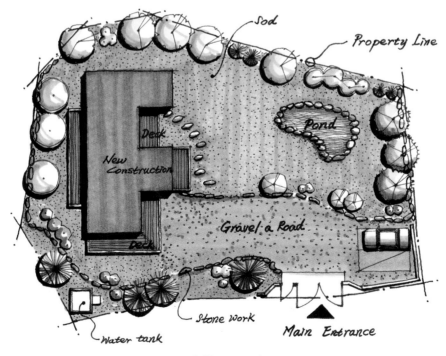

예제 3

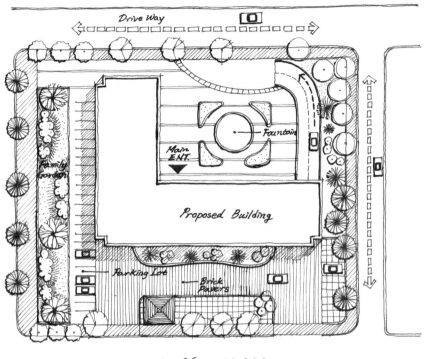

SITE PLAN
N·S

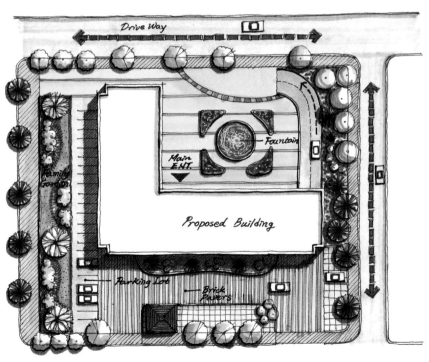

SITE PLAN

러프 라인에 의한 이미지 스케치(A4 용지 위에 플러스 펜과 마커 사용)

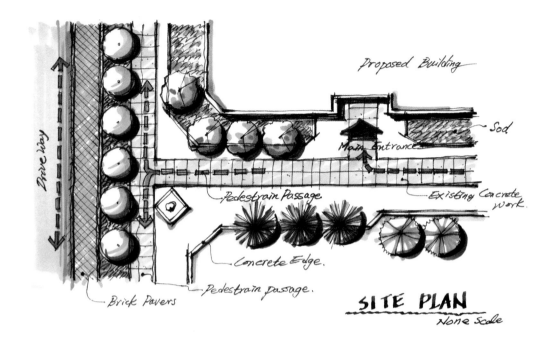

Proposed Building

Sod

Main Entrance

Existing Concrete Work.

Driveway

Pedestrain Passage.

Concrete Edge.

Pedestrain passage.

Brick Pavers

SITE PLAN
None Scale

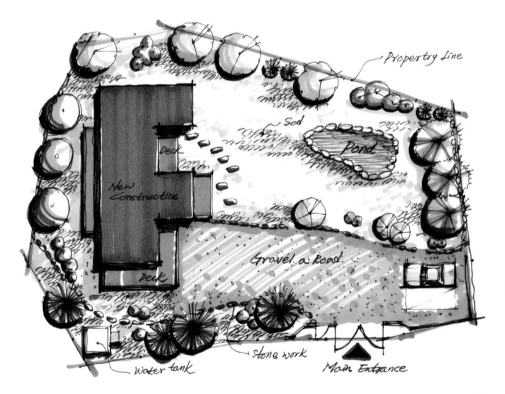

Property Line

Sod

Pond

Deck

New Construction

Deck

Gravel a Road

Water tank

Stone work

Main Entrance

PLOT PLAN
None Scale

건축의 입면 이미지 그려보기

건축적인 도면의 표현은 배치도, 평면도, 입면도, 단면도, 상세도 등의 명칭을 사용하고 있는데 그 중 입면도라는 것은 그 건물의 외부 표정을 말한다. 정면, 측면, 배면 등과 같이 보여지는 건물의 표면 마감재라든가 층수 기타 입면상 구조적인 표현을 할 때 사용된다. 입면 역시 수직 수평선을 잘 맞추어 그려야 이미지의 모양새가 잘 나온다. 또한 표현상의 이미지를 효과적으로 나타내기 위해서는 건축적인 주요 마감재 등의 표면질감이라든지 특성, 색상 등을 공부해 둘 필요가 있다. 입면이나 단면을 표현할 때 건물과 지면의 명확한 구분을 위해 지면은 단면으로 선을 굵게 처리하고 입체감을 위해 건물의 그림자 표현에도 유의한다. 즉, 돌출된 부분은 선을 굵게 처리하거나 채색 시에 Gray 계통의 마커로 진하게 칠해 준다.

예제 1

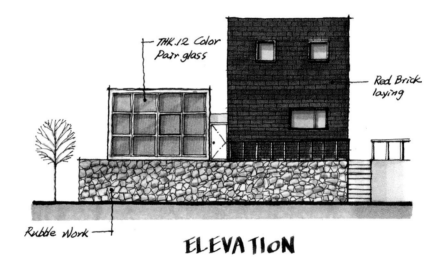

예제 2

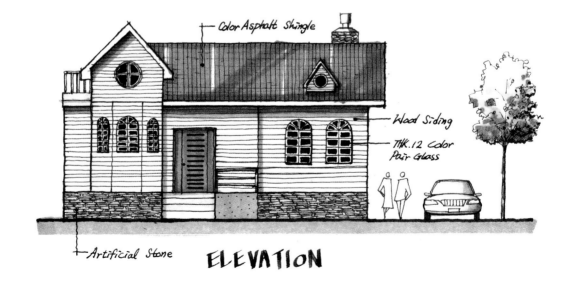

예계 3

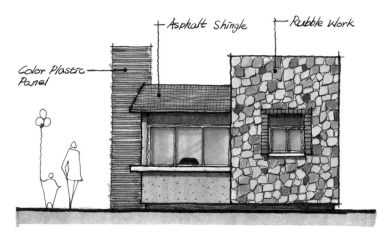

Color Plastic Panel — | — Asphalt Shingle | — Rubble Work

ELEVATION

예계 4

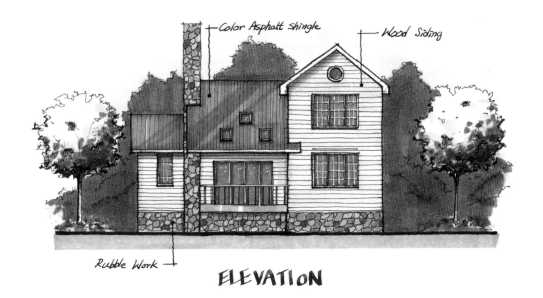

| — Color Asphalt Shingle | — Wood Siding

Rubble Work —|

ELEVATION

러프 라인에 의한 이미지 스케치 (A4 용지 위에 플러스 펜과 마커 사용)

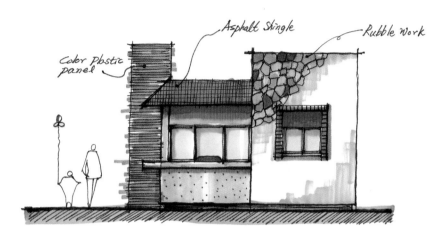

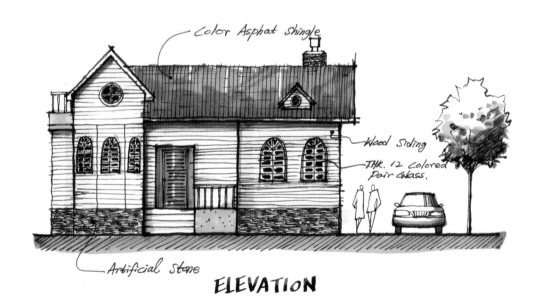

필자의 한마디···

여러분은 지금까지 건축에서 표현될 수 있는 기본적인 이미지 표현을 연습해 보았다. 여러분들에게 드로잉라인(자세하게 그린 이미지)스케치와 러프라인(개략적인 느낌의 빠른 이미지) 스케치를 같이 보여준 것은 실무적으로 빠르고 효과적인 스케치를 하기 위해서 다소 디테일한 이미지를 묘사하는 연습이 필요하다는 것을 강조하기 위해서이다. 그려질 대상에 대한 세밀한 관찰과 숙지 없이는 결코 빠르게 스케치를 할 수가 없다. 아울러 꾸준한 반복연습이 있어야 손의 놀림도 빨라진다는 것을 잊지 말아야 한다.

Chapter 03

인테리어 구성요소 그리기

이 단원에서는 인테리어 스케치를 위한 기본적인 표현 요소를 공부해보자. 실내에서 가장 많이 다뤄지는 것은 가구나 집기류 등이 주된 요소가 된다. 도면에 표현되는 기본적인 요소들을 숙지한 뒤에 그것을 입체적인 공간으로 만들어주는 과정을 익히는 것이 무엇보다도 중요하다 할 수 있다. 특히 가구를 묘사하는 것이 상당히 어려운 부분이므로 여기서는 가구를 그리는 과정을 몇 가지 예를 들어 순서에 의해 풀이하였고, 아울러 러프라인에 의한 가구의 이미지를 추가하여 형태(육면체)를 비례적으로 잘 잡았을 때 속도감 있게 스케치를 하더라도 그 모양새를 갖출 수 있다는 점을 부각시켰다.

실내의 평면적 표현 요소 그려보기(펜)

제도와 스케치는 다르다. 하지만 도면상에 표현되는 양상은 거의 유사하다. 다만, Free Hands로 그려준다는 점에서 임의의 스케일과 이미지 설정이 자유롭다. 펜으로 표현할 때에는 평면/입면상의 그림자 표현에 유의하여 선의 굵기를 달리해 줌으로써 입체감을 살려준다.

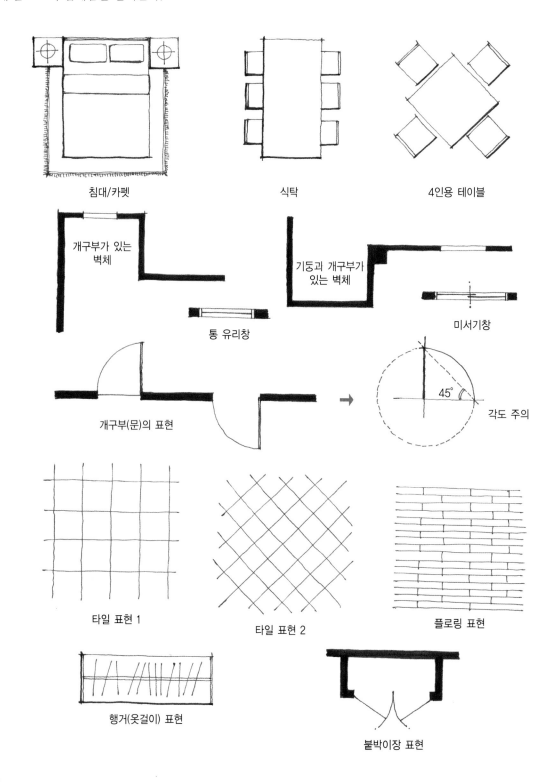

침대/카펫

식탁

4인용 테이블

개구부가 있는 벽체

통 유리창

기둥과 개구부가 있는 벽체

미서기창

개구부(문)의 표현

45°

각도 주의

타일 표현 1

타일 표현 2

플로링 표현

행거(옷걸이) 표현

붙박이장 표현

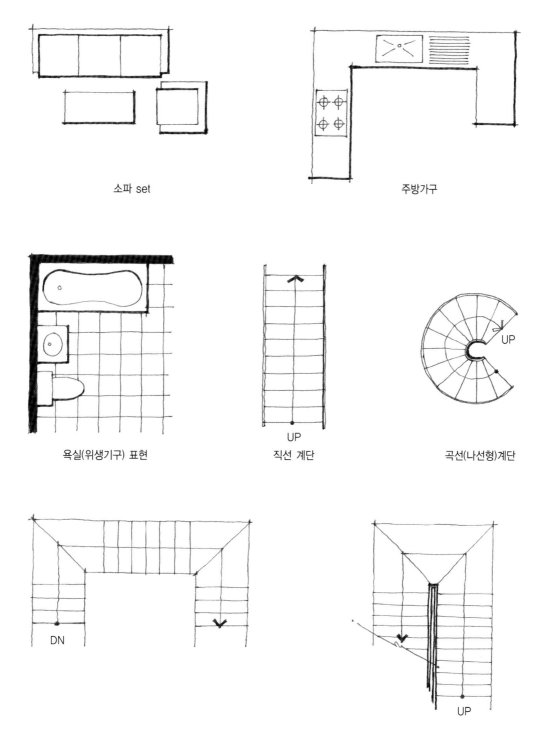

소파 set

주방가구

욕실(위생기구) 표현

직선 계단

곡선(나선형)계단

실내 평면요소 채색(마커) 1

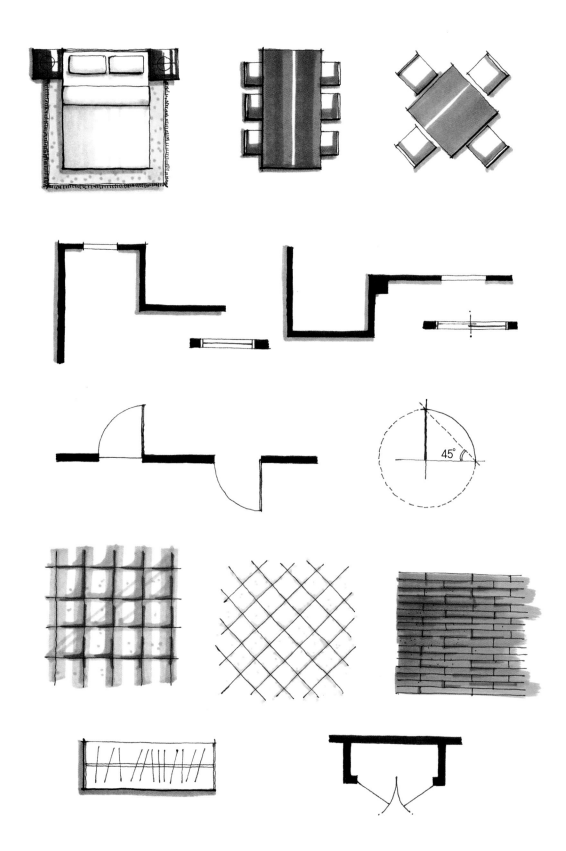

닐내 평면요소 채색(마커) 2

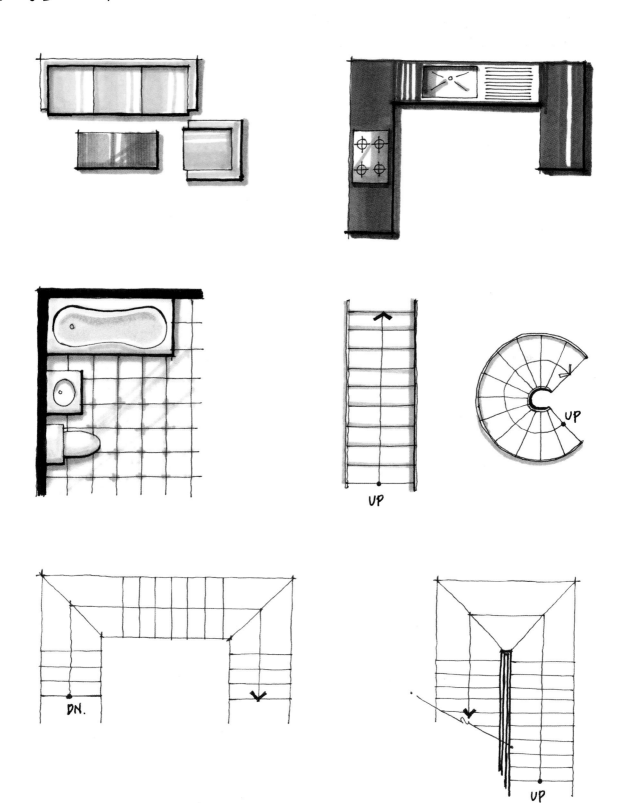

실내의 입면적 표현 요소 그려보기(펜)

다음은 실내 도면상의 입면적인 표현이다. 마찬가지로 펜으로 표현할 때에는 입체감을 주기위해 빛의 방향을 결정하여 그림자를 표현할 때 선의 굵기를 굵게 하여 처리해 주고 도면의 시각적인 효과를 위해 도면 전체의 외곽선을 굵게 표현해 준다. 참고로 입면에서의 그림자는 빛의 반대방향과 대상 물체의 아래쪽에 형성된다.

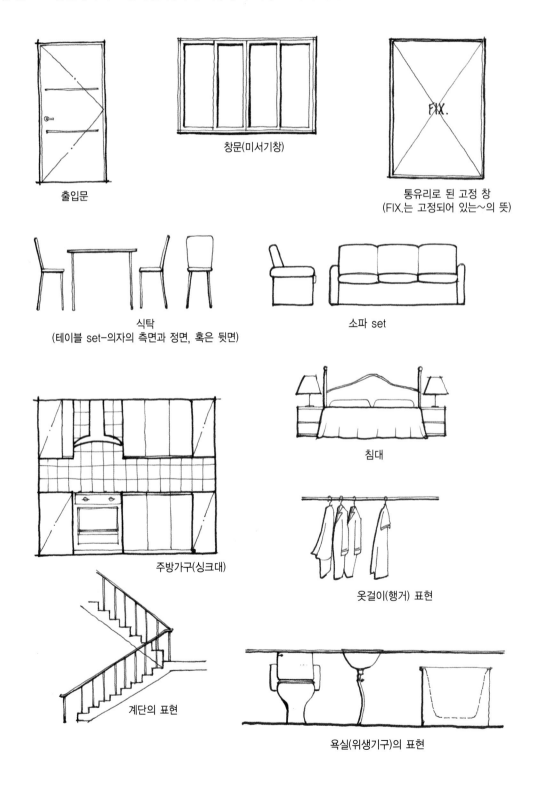

출입문

창문(미서기창)

통유리로 된 고정 창
(FIX.는 고정되어 있는~의 뜻)

식탁
(테이블 set-의자의 측면과 정면, 혹은 뒷면)

소파 set

침대

주방가구(싱크대)

옷걸이(행거) 표현

계단의 표현

욕실(위생기구)의 표현

실내 입면요소 채색 (마커)

인테리어 평면도 및 입면도(전개도) 표현 사례

평면도(Floor Plan)의 예

평면도는 건물의 한 중간을 수평으로 절단했을 때의 수평 바닥면을 2차원적으로 표현한 도면을 말한다. 따라서 절단된 위치에서 아래로 내려다보이는 바닥면에 있는 가구나 기타 실내구성재들이 입체가 아닌 평면으로 그려지는 것이다.

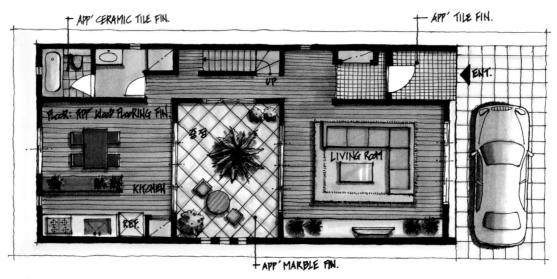

그림은 2층 단독주택 평면 설계의 한 예이다. 앞서 이야기 했듯이 여러분들에게 디자인이나 설계를 하는 것을 설명하는 것이 아니기 때문에 이미지를 참고하여 여러분들이 의도하는 구상 등에 활용하기 바란다.

평면에서는 계획된 공간의 용도와 실명 등을 설정하고 그 공간(실)사용될 주된 마감재를 기입해 주고 각각의 재질에 맞는 색으로 채색을 해 준다. 한 가지 유의할 점은 개구부(출입문)의 열림 표시(호)를 할 때에는 직각에 맞추어 원의 1/4이 되는 호가 만들어져야 한다는 것이다.

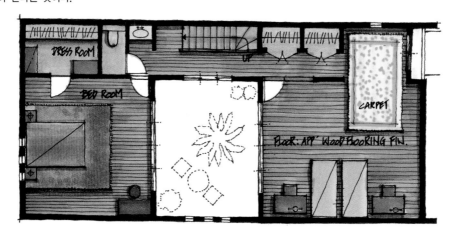

입면도(전개도 - Elevation)의 예

입면도는 내부 입면도라 하여 인테리어에서는 전개도라는 표현을 주로 사용한다. 즉, 내부의 사방 벽면을 펼쳐놓은 그림이라 할 수 있다. 입면에서 주로 표현되는 것 역시 벽면의 마감재라든가 기타 구성재들의 재료적 특징이나 별도로 벽면에 디자인된 이미지를 표현해 주는 그림이라 할 수 있다. 굳이 벽면이 아니더라도 가구나 집기 등의 디자인적인 요소를 평면적으로 표현하기도 한다. 입면을 표현할 때에는 실내에도 광원이 있는 관계로 상부에서 비치는 조명 가까이에는 반사가 되기 때문에 채색 없이 흰 부분으로 남겨놓고 채색을 해 주고 바닥 쪽으로 갈수록 진하게 칠해주는 것이 좋다. 마무리가 된 후에는 인출선을 뽑아 그 부분의 마감재나 필요한 설명을 기입해 준다.

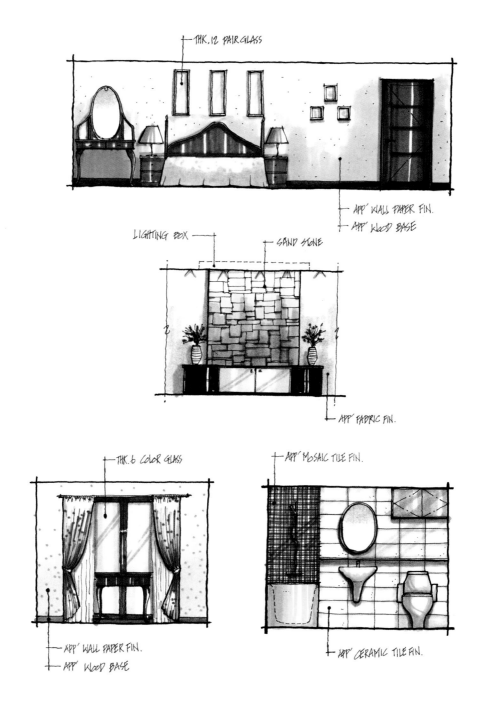

실내 내부 구성 요소의 입체적인 표현

■ 소파 그리기 (드로잉 라인에 의한 이미지)

이제부터는 가구나 기타 구성요소들의 입체적인 표현을 배워보자.

앞으로 나올 예제로 제시된 디테일한 이미지의 그림들은 여러분들의 구체적인 형태의 파악의 이해를 돕고자 실제의 형태비례와 가깝게 만들어 놓은 것이다. 이를 참고하여 형태(박스)를 잡아내는 훈련과 뒤에 이어지는 러프라인에 의한 이미지를 관찰해 봄으로써 형태의 감감과 개략적인 채색의 느낌을 느껴보기 바란다. 참고로 펜을 사용하는 것이 두려운 분들은 연필로 먼저 그려보길 권장한다. 그러나 실수는 누구나 하는 것이므로 틀린다고 두려워하지 말고 부담 없이 연습하는 습관이 중요하다.

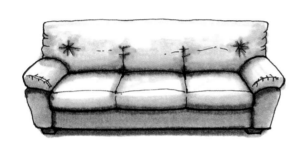

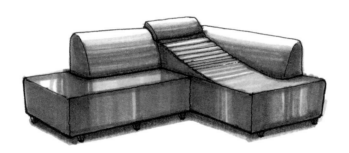

러프 라인에 의한 소파 이미지(A4 용지에 플러스 펜과 마커 사용)

러프라인 이미지는 여러분들이 나중에 충분한 입체 묘사 연습이 숙련된 후에 그려볼 이미지 이다.각 그림 옆의 박스는 입체적인 소점 흐름을 맞추어 최초에 형성되는 육면체이다. 여러분은 바로 사물을 보고 전체의 윤곽비례를 잡아내는 훈련을 해야 한다. 그래야 빠른 스케치를 할 수 있는 기초가 다져지는 것이다.

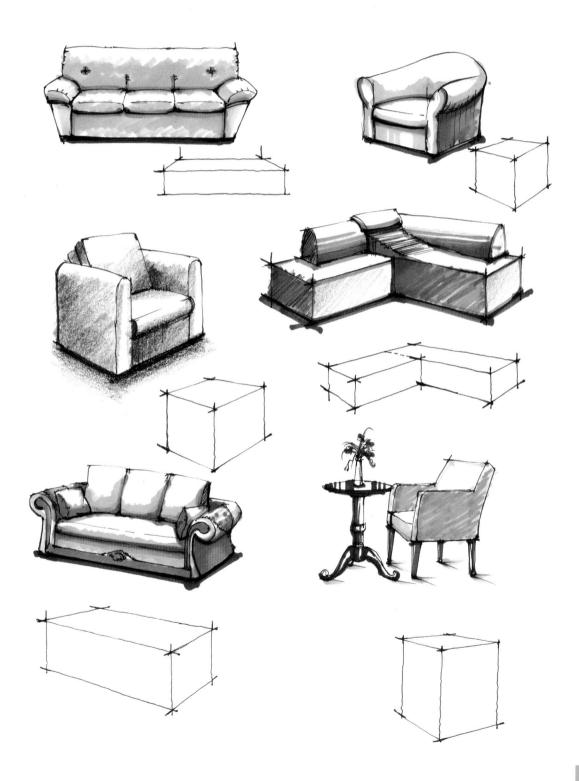

소파 그리기 순서 따라 하기 1

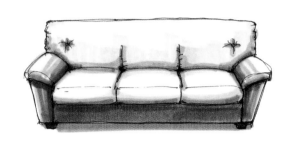

정면에서 본 소파

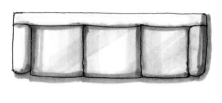

평면

입면

※ 작도 순서

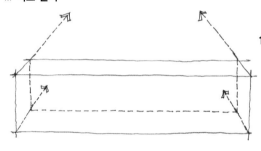

1단계 : 소점 방향을 유의하여 앉는 면을 기준으로한 직육면체를 그린다.(상판의 깊이가 넓지 않은 것에 주의)

2단계 : 팔걸이의 두께를 결정하여 윗부분에 상자 형태로 만들어 주고 등받이의 높이를 잡아 그려준다.

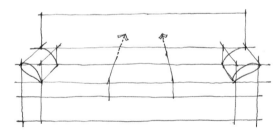

3단계 : 팔걸이의 구체적 모양을 잡아주고 앉는 면을 분할하여 소점흐름 방향으로 선을 만들어준다.

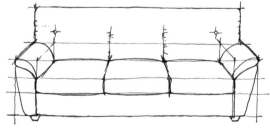

4단계 : 앉는 면의 방석과 등받이, 그리고 팔걸이 부분의 모양을 그려주고 기타 주름이나 다리모양을 그려준다 (펜 작업 완성).

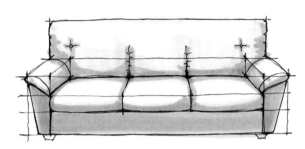

5단계 : 완성된 밑그림에 색을 선택(같은 색 계열의 농도가 다른 3~4가지)하여 제일 연한 색으로 반사되는 밝은 부분을 남겨두고 칠해준다. 한 단계 진한 색으로 어두운 부분을 칠해준다.

6단계 : 선택한 색 중에서 가장 진한 색으로 역시 그림자 지는 부분(어두운 부분)을 칠해준다. (채색의 면적은 진한 색으로 갈수록 줄어드는 것에 유의한다.)

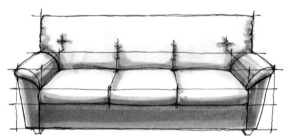

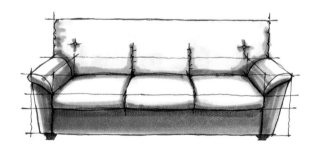

7단계 : 사용한 색이 난색계열이므로 Warm Gray색 중 5번이나 7번의 농도로 경계가 되는 부분을 칠해준다.

8단계 : 마지막 최종적으로 소파 밑 부분의 그림자를 Warm Gray 7로 칠해서 마무리 해준다. (완성)

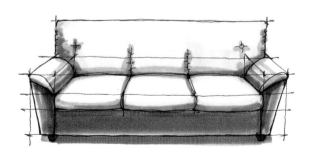

소파 그리기 순서 따라 하기 2

반 측면에서 본 소파

평면

입면

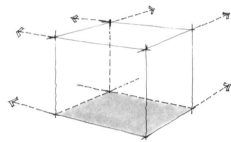

1단계 : 소점을 의식하며 팔걸이 높이까지의 박스를 그린다(가로 방향을 넓게).

2단계 : 팔걸이의 두께를 설정해서 상판까지 연결해서 선을 그어주고 앉는 면의 방석의 방향의 위치를 잡아 박스를 그려준다(좌면에서 팔걸이까지의 높이 는 짧지 않게 설정).

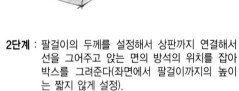

3단계 : 팔걸이의 두께 값을 잡아 벌어진 모양을 그려주 고 등받이를 부드러운 곡선으로 연결해 준다.

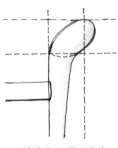

4단계 : 나머지 몸체의 모양과 다리 를 그려주고 전체적인 선을 부드럽게 다듬어 준다(펜 작업 완성).

팔걸이 그리는 방법

5단계 : 완성된 밑그림에 색을 선택(같은 색 계열의 농도가
다른 3~4가지)하여 제일 연한 색으로 반사되는 밝
은 부분을 남겨두고 칠해준다. 한 단계 진한 색으
로 어두운 부분을 칠해준다(소파 등받이의 내부가
곡면이므로 팔걸이 부분과 함께 안쪽으로 흘러내리
는듯하게 칠해준다).

6단계 : 다음 단계의 색으로 경계선 위주로 진하게 칠
해준다.

7단계 : 가장 어두운 부분인 측면부에 색의 농도를 더
해주고 다리의 색을 칠해준다.

8단계 : 소파 밑의 그림자를 Gray계통의 진한 색(7번
정도)으로 칠해주고 마무리 한다.(완성)

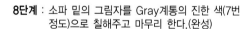
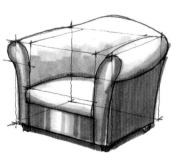

■ 침대 그리기 (드로잉 라인에 의한 이미지)

침대는 보통 직육면체의 장 방향 박스로 그려진다. 주로 목재와 천의 소재로 구성되는 경우가 많기에 각 재질의 색이나 질감 등을 살려주는 것이 중요하다. 한 가지 유의할 것은 침대 상판은 바로 눈앞에서 보지 않는 한 그 사각형태의 면적이 넓게 보이지 않는 것에 주의해야 한다. 따라서 박스를 그릴 때 상판을 완만한 각도와 면의 깊이를 얕게 잡아야 한다.

러프 라인에 의한 침대 이미지(A4 용지에 플러스 펜과 마커 사용)

A4 용지에 플러스 펜을 사용하다 보면, 마커가 알코올 성분이 들어 있는 관계로 수성인 플러스 펜의 잉크를 녹여 번지는 현상이 나타난다. 그러나 마커의 색 터치를 빠르게 하고 덧칠하는 횟수를 줄인다면 번짐의 현상이 현저하게 줄어든다. 그래서 빠른 스케치를 하는데 있어서 번지는 것을 최대한 줄이려고 속도를 내다보면 오히려 속도감을 향상시킬 수 있는 하나의 방법이 될 수가 있다. 침대에 대한 형태 파악과 이미지가 머릿속에 확연하게 인식되었다면 틀려도 좋으므로 자꾸만 반복해서 연습하기 바란다.

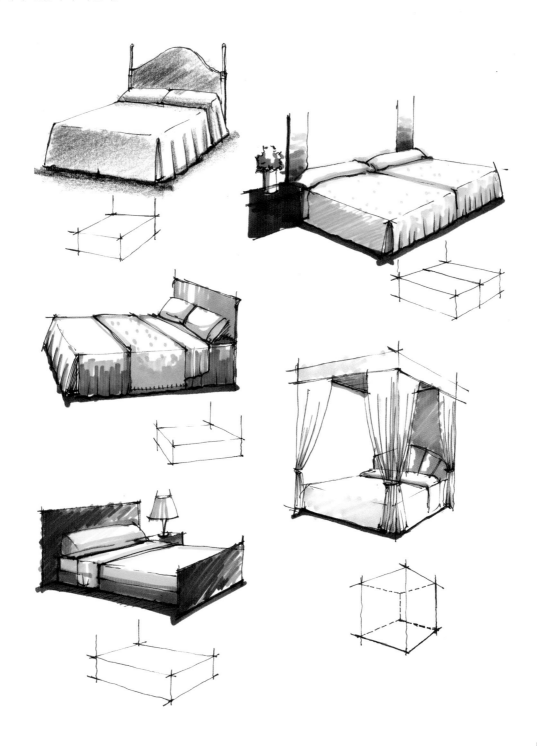

침대 그리기 순서 따라 하기 1

침대 Sample

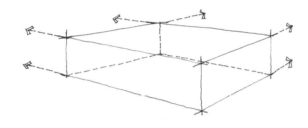

1단계 : 바닥면에서부터 침대의 매트리스면 까지 높이를 결정해서 장방향의 박스를 소점의 흐름을 인식하며 만든다.

2단계 : 등판의 높이를 결정해서 소점 흐름으로 선을 그어 모서리 끝의 수직선과 맞춘다. 여기에 같은 흐름 방향으로 사이드테이블을 그려주고 매트리스와 받침으로 나뉘는 선을 그어준다.

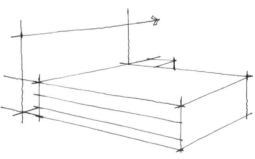

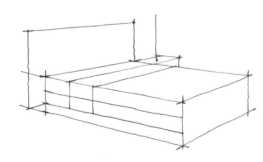

3단계 : 스탠드의 위치와 이불 덮개의 모양을 그려준다.

4단계 : 베개를 그려주고 스탠드와 이불, 등판 등의 모양을 구체적으로 그려준다.(펜 작업 완성)

5단계 : 베개와 이불, 또는 매트리스의 색을 선택하여 가장 연한 색으로 칠해주되 상판은 빛을 직접 받는 부분이므로 그림자 지는 부분 위주로 약하게 색감만 표현해 준다.

6단계 : 등판과 받침의 색을 선택하여 이번엔 사선방향으로 밝은 색 먼저 칠해준다.

7단계 : 다음 단계의 농도(색)로 한 번 더 칠해주되 관찰자 가까이 있는 부분으로 진해지게 칠해준다.(빛에서 멀어질수록 색이 더 진하게 보이기 때문)

8단계 : 스탠드나 이불 등의 색을 칠해주고 어두운 면은 그레이 계통 색으로 칠해 색이 탁해지게 해준다. 그다음 바닥면에 그림자를 칠해주고 마무리한다.(완성)

침대 그리기 순서 따라 하기 2

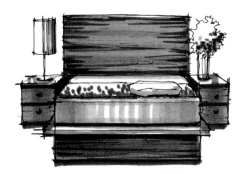

정면으로 바라본 침대

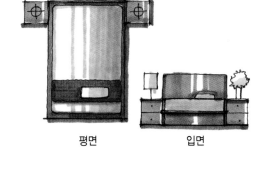

평면   입면

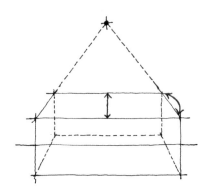

1단계 : 정면의 소점으로 향하는 박스를 그려주되 상판의 면적(깊이)를 넓게 잡지 않는다. 매트리스를 받치는 판의 중간 지점을 나눠준다.

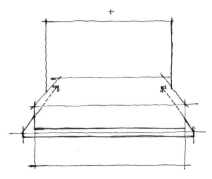

2단계 : 중간 판의 두께를 잡아 소점방향으로 보내주고 정면의 등판을 그려준다.

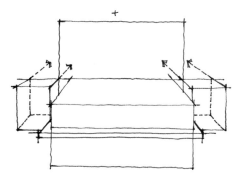

3단계 : 좌우 측면의 나이트테이블의 박스도 마찬가지로 등판 끝선에 맞추어 소점흐름을 인식하며 그려준다.

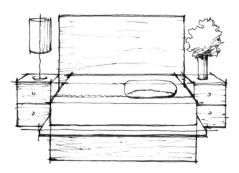

4단계 : 스탠드와 화분 등의 소품을 그려주고 나무의 결을 펜으로 지면(종이면)을 스치듯이 하여 질감을 나타내준다.(펜 작업 완성)

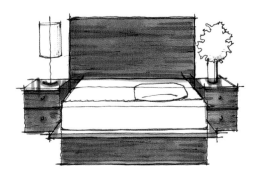

5단계 : 나무색을 선택하여 등판과 받침, 그리
고 나이트 테이블을 칠해주되 나무의
결을 따라 마커의 넓은 쪽을 사용하여
가로방향으로 칠해준다. 나이트테이블
의 상판은 빛의 반사를 고려해 흰 부분
을 남기고 수직방향으로 칠한다.

6단계 : 매트리스의 색을 선택하여 정면으로 보
이는 부분에는 양쪽으로 몰리는 느낌으
로 색의 톤을 만들어 주고 상판은 베개
나 쿠션 등이 놓여지는 그림자 위주로
색감만을 표현한다. 스탠드나 기타 소
품의 색을 칠해준다.

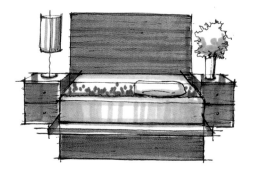

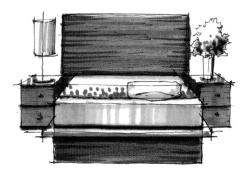

7단계 : 그림자 지는 부분을 어둡게 처리하고
필요하다면 등판 나무의 재질을 진한
색으로 가늘게 터치한다.

8단계 : 마지막으로 바닥면의 그림자를 처리하
고 마무리 한다.(완성)

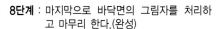

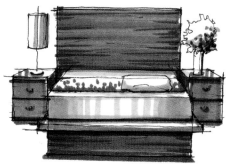

■ 의자 그리기 (드로잉 라인에 의한 이미지)

가구를 그리는데 있어서 가장 사람들이 어려워하는 가구가 바로 의자이다. 의자는 우선 박스를 잡을 때 키가 크고 다소 불안정하게 그려지기 때문에 박스의 비율과 흐름을 맞추기가 어렵고 경우에 따라 등받이가 휘어지기도 하고 또는 원형의 형태로 앉는 면의 모양새가 달리 디자인되기도 하기 때문에 하나의 박스 안에서 그 모양의 다양한 변화를 형태적, 원리적으로 연구할 필요가 있다. 하지만 우리가 박스를 그릴 때 전체 높이의 박스를 잡지 않고 앉는 면을 기준으로 잡아 박스를 그리고 등받이를 올려 잡는 방법으로 접근하면 보다 수월하게 의자를 그릴 수가 있다.

러프 라인에 의한 의자 이미지(A4 용지에 플러스 펜과 마커 사용)

그림들의 옆에 있는 박스의 그림은 의자의 앉는 면을 기준으로 등받이를 올려서 그려진 형태들이다. 이를 기준으로 팔걸이의 위치와 바닥 다리부분의 비례적인 위치를 잡을 수 있다. 경우에 따라 바퀴가 달린 의자는 사각형의 박스를 벗어나는 형태로 만들어 지는 것도 있으므로 주의한다. 모든 인체계 가구는 좌우가 대칭적으로 만들어지기 때문에 박스를 눈대중으로 분할 할 때에도 선의 흐름을 정확히 찾아내는 훈련을 해야 한다.

의자 그리기 순서 따라 하기 1

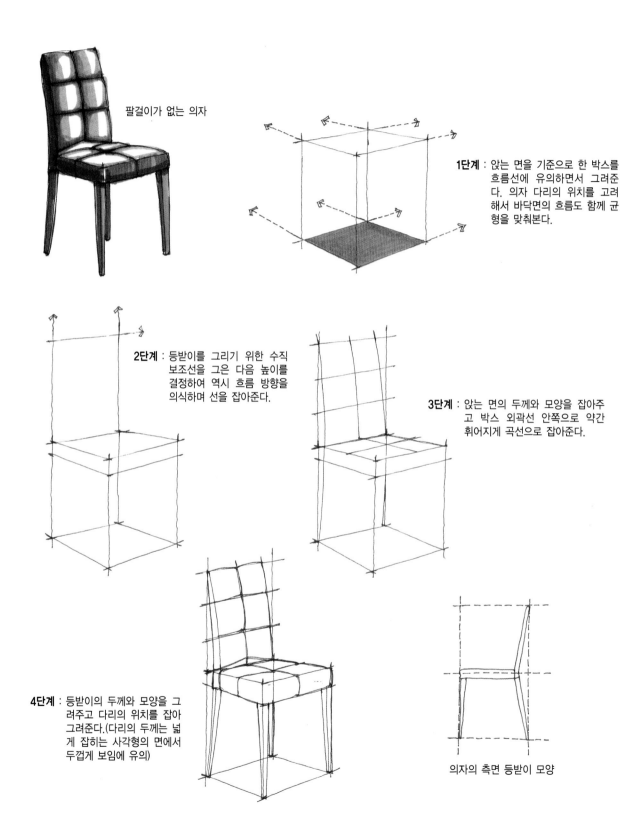

팔걸이가 없는 의자

1단계 : 앉는 면을 기준으로 한 박스를 흐름선에 유의하면서 그려준다. 의자 다리의 위치를 고려해서 바닥면의 흐름도 함께 균형을 맞춰본다.

2단계 : 등받이를 그리기 위한 수직 보조선을 그은 다음 높이를 결정하여 역시 흐름 방향을 의식하며 선을 잡아준다.

3단계 : 앉는 면의 두께와 모양을 잡아주고 박스 외곽선 안쪽으로 약간 휘어지게 곡선으로 잡아준다.

4단계 : 등받이의 두께와 모양을 그려주고 다리의 위치를 잡아 그려준다.(다리의 두께는 넓게 잡히는 사각형의 면에서 두껍게 보임에 유의)

의자의 측면 등받이 모양

5단계 : 전체적으로 완성되었으면 볼륨감이 있는 면을 곡면 처리 하여 입체감 있게 정리하고 어두운 면의 선을 굵게 처리해준다.

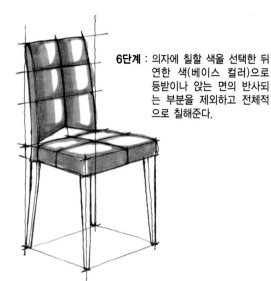

6단계 : 의자에 칠할 색을 선택한 뒤 연한 색(베이스 컬러)으로 등받이나 앉는 면의 반사되는 부분을 제외하고 전체적으로 칠해준다.

7단계 : 다음단계의 진한 색으로 어두운 측면과 등받이와 앉는 면의 구분된 움푹 들어간 선 위주로 칠해준다.

8단계 : 의자의 다리 색을 칠해주고 마찬가지로 다리의 어두운 측면을 진한 색으로 칠해준다. 이때 앉는 면의 바로 밑 다리부분에 그림자를 약간 넣어주는 것에 유의한다.

9단계 : 마지막으로 의자다리가 바닥에 비치는 이미지와 그림자의 방향선의 이미지를 Gray 계열색의 중간 톤으로 다리 끝에서 삐치듯이 터치해준다(완성).

의자 그리기 순서 따라 하기 2

앉는 면이 곡면 처리된 스툴(STOOL)형태의 의자

1단계 : 바(bar)스툴 형 의자는 일반 의자보다 키가 큰 관계로 수직으로 긴 박스를 소점 흐름을 의식하며 그려준다.

3단계 : 곡면으로 된 의자의 전면과 측면을 완만한 곡선으로 그려주고 등받이의 기울기선을 잡아준다. 중심 파이프선을 잡아주고 또한 바닥의 판이 원형으로 되어 있으므로 사각형 안에 비례적인 원을 그려준다.

2단계 : 앉는 면의 두께를 잡아주고 등받이의 높이를 수직 보조선을 긋고 잡아준다.

의자의 측면모습

4단계 : 앉는 면의 구체적인 모양을 그려주고 모서리 부분을 부드럽게 곡면처리해 준다. 파이프의 끝점을 결정하고 받침판과 발을 걸치는 부분의 파이프를 타원으로 그려 완성한다.(펜 작업 완성)

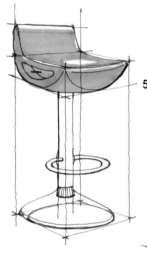

5단계 : 의자의 앉는 면 색을 결정한 뒤 상판과 등받이의 반사되는 면을 남겨두고 가장 연한 색 먼저 전체적으로 칠해준다. 앉는 면이 곡면으로 되어있는 관계로 그라데이션효과를 주기 위해 수평방향으로 칠해준다.

6단계 : 그 다음 단계의 조금 더 진한 색으로 휘어진 곡면의 중심을 기준으로 연한 색보다 칠하는 면적을 줄여 덧칠 해준다.

7단계 : 같은 방법으로 다음단계의 더 진한 색으로 아주 적은 면적의 휘어진 부분을 덧칠 해준다. 그리고 기둥 금속파이프는 차가운 그레이계열 색의 1번이나 3번으로 시작하여 3, 5, 7번의 단계로 칠해 나간다.(이때 반드시 반사되는 흰 부분을 남겨줘야 한다.)

곡면부분의 처리방법

8단계 : 금속파이프 부분의 단계적 톤이 정리되면 앉는 면 바로 밑 파이프에 생기는 그림자를 곡선으로 칠해준다.(파이프가 원형인 관계로 그림자는 그 원형곡선을 따라 형성된다.)

9단계 : 마지막으로 앉는 면의 아래 맨 끝단과 측면을 진한 색 또는 그레이계열의 중간 톤으로 어둡게 처리하고 바닥의 그림자를 칠해주고 마무리 한다.(완성)

의자 그리기 순서 따라 하기 3

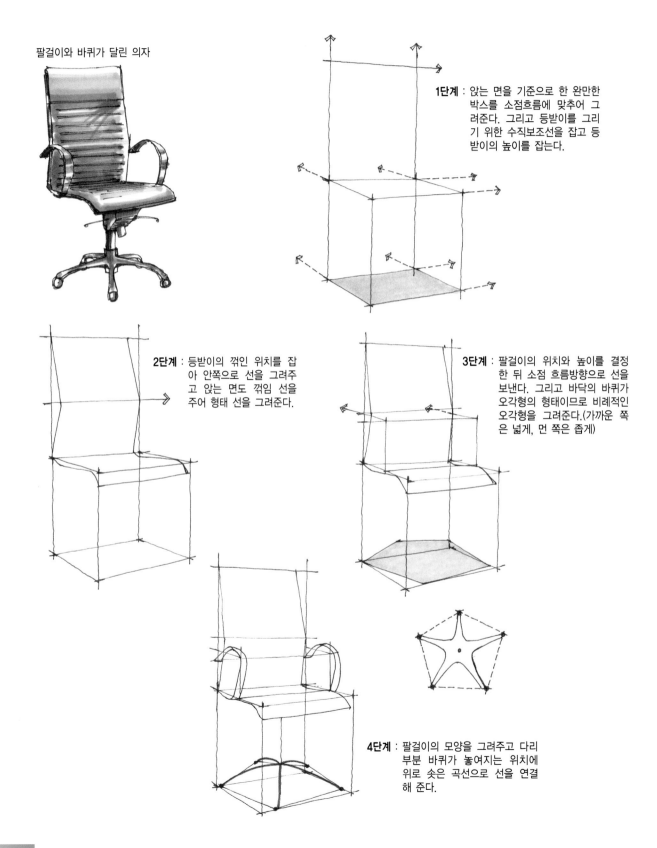

팔걸이와 바퀴가 달린 의자

1단계 : 앉는 면을 기준으로 한 완만한 박스를 소점흐름에 맞추어 그려준다. 그리고 등받이를 그리기 위한 수직보조선을 잡고 등받이의 높이를 잡는다.

2단계 : 등받이의 꺾인 위치를 잡아 안쪽으로 선을 그려주고 앉는 면도 꺾임 선을 주어 형태 선을 그려준다.

3단계 : 팔걸이의 위치와 높이를 결정한 뒤 소점 흐름방향으로 선을 보낸다. 그리고 바닥의 바퀴가 오각형의 형태이므로 비례적인 오각형을 그려준다.(가까운 쪽은 넓게, 먼 쪽은 좁게)

4단계 : 팔걸이의 모양을 그려주고 다리 부분 바퀴가 놓여지는 위치에 위로 솟은 곡선으로 선을 연결해 준다.

5단계 : 다리부분에 곡선으로 연결된 선을 따라 다리의 모양을 그려주고 앉는 면 및 장식물을 그려준다.

6단계 : 등받이와 팔걸이의 두께를 잡아주고 구체적인 모양새를 그려주고 마무리 한다.(펜 작업 완성)

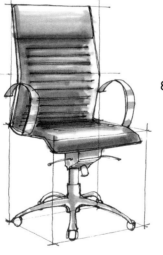

8단계 : 한 단계 농도를 높여서 굴곡과 그늘이 지는 부분 위주로 덧칠 해준다. 그리고 팔걸이와 다리부분은 금속재 이므로 Cool Gray 계열의 색으로 반사되는 부분을 남겨두고 단계적으로 칠해나간다.

7단계 : 선택한 의자의 색중 가장 연한 색으로 반사되는 부분을 남겨두고 전체적으로 칠해준다.

9단계 : 마지막으로 가장 어두운 톤의 색으로 앉는 면의 꺾인 부분, 주름부분, 그림자 지는 부분을 진하게 칠해주고 바닥에 그림자의 이미지를 바퀴의 끝에서 Gray 계열의 색 중간 톤으로 삐치듯이 칠해준다.

■ 수납가구 그리기 (드로잉 라인에 의한 이미지)

수납가구의 형태도 그 종류가 다양하다. 단순한 박스 형태에서 엔틱 양식의 고전풍까지 각각 그 모양과 디자인이 다르다. 하지만 아무리 그 디자인이 다르다 할지라도 기본적으로 사람이 사용하는 가구이기 때문에 구조상의 출발점은 비슷하다. 수납가구를 그리는데 있어서는 우리가 형태를 잡을 때 키가 큰 가구와 작은 가구의 박스의 비례를 잘 파악하고 선반이나 서랍이 있으므로 그 나누어지는 선들을 등분하고 흐름선에 같이 맞추는 것을 기본으로 익혀야 한다. 특히 키가 큰 가구는 사람의 눈높이 이상으로 큰 경우도 많으므로 눈높이 기준과 소점 흐름선에 주의하여 그려야 한다.

러프 라인에 의한 수납가구 이미지 (A4 용지에 플러스 펜과 마커 사용)

우리가 가구를 그린 뒤 그림자를 강조해서 넣어주는 이유는 모든 가구는 바닥면에서 떠있기 때문이다. 그리고 붙박이 가구가 아닌 이상 벽에서도 떨어져 있는 것이다.

유리로 된 장식장 등에서 내부의 소품들을 표현하고자 한다면 마커 채색 후에 화이트 펜으로 다시 그려주는 것이 효과적이다. 화이트 펜은 수정액처럼 흰색 gel 타입의 잉크가 나오는 펜을 말하는데, 반사되는 재질을 표현할 때 적합하다.

수납장 그리기 순서 따라 하기 1

서랍이 있는 수납가구

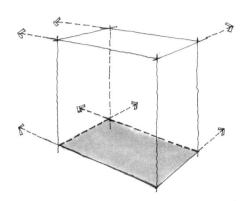

1단계 : 가로방향으로 긴 박스를 소점 흐름에 맞추어 그린다.

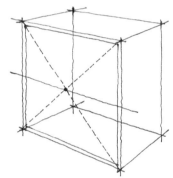

2단계 : 서랍이 그려질 앞면의 중간점을 찾아 흐름에 맞추어 면을 나눠준다.

3단계 : 중심선을 기준으로 상하로 등간격으로 면을 서랍의 수에 맞게 나눠주고 손잡이가 그려질 위치를 비례에 맞추어 잡아준다.

4단계 : 손잡이를 그려주고 전체의 프레임을 그려주고 완성한다(펜 작업 완성).

5단계 : 선택한 가구 색으로 상판의 반사되는 부분을 남겨두고 전체적으로 칠해준다. 유의할 것은 눈높이 아래에 있는 가구는 항상 상판이 빛을 직접 받기 때문에 색감이 상당히 약해서 색을 다 칠하지 않고 반사되는 부분을 남겨두는 것을 염두에 두길 바란다.

6단계 : 서랍이 있는 부분이 흰색인 관계로 색을 칠하지 않아도 무방하지만 효과를 위해 gray계열의 밝은 톤으로 칠해주고 역시 반사되는 부분을 남겨준다.

7단계 : 손잡이 밑에 그림자의 효과를 넣어주고 가구의 가장 어두운 측면을 사용색중 가장 진한색이나 gray계열의 진한 톤으로 덧칠 해준다. 바닥면에 그림자를 넣어주고 마무리한다(완성).

수납장 그리기 순서 따라 하기 2

선반이 있는 키가 큰 수납가구

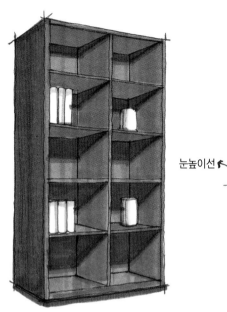

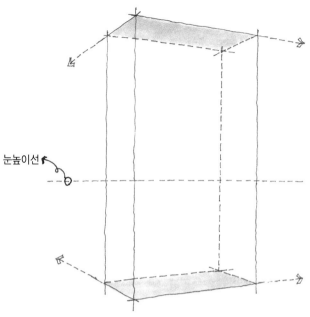

눈높이선

1단계 : 수직으로 긴 박스를 그려주되 눈높이를 먼저 찾아본 후에 소점 흐름에 맞추어 기울기 선을 잡아준다 (내부로 들어가는 선이 많으므로 내부로 이어지는 보조선까지 같이 잡아보는 것이 좋다).

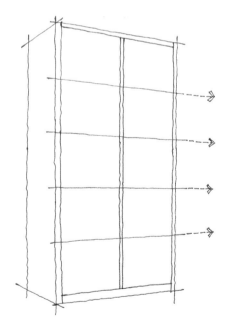

2단계 : 박스가 완성되면 전체 틀을 잡아주고 선반이 그려질 위치를 등거리로 나누어 소점흐름을 의식하며 선을 그어준다.

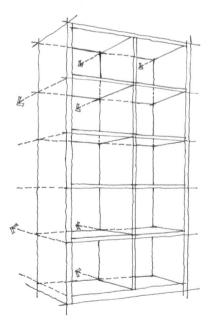

3단계 : 내부로 들어가는 선반의 선들을 흐름에 맞추어 긋고 뒷면의 선들과 만나는 결합점을 찾아 수직으로 그어주면 눈높이 위로는 선반의 아랫면이, 눈높이 아래로는 선반의 윗면이 보이게 된다. (펜 작업 완성)

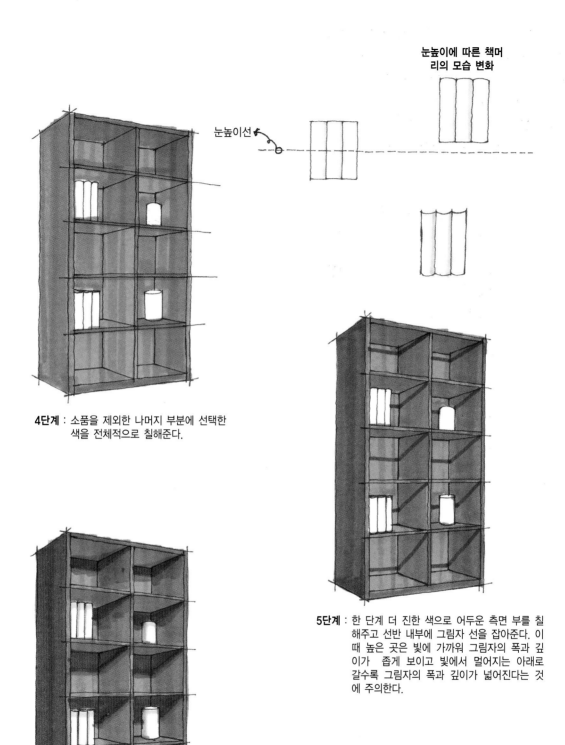

눈높이에 따른 책머리의 모습 변화

눈높이선

4단계 : 소품을 제외한 나머지 부분에 선택한 색을 전체적으로 칠해준다.

5단계 : 한 단계 더 진한 색으로 어두운 측면 부를 칠해주고 선반 내부에 그림자 선을 잡아준다. 이 때 높은 곳은 빛에 가까워 그림자의 폭과 깊이가 좁게 보이고 빛에서 멀어지는 아래로 갈수록 그림자의 폭과 깊이가 넓어진다는 것에 주의한다.

6단계 : 그림자의 선을 따라 선반의 수평면을 제외한 수직면에 진한 색으로 칠해준다(수평면은 선반의 바닥면에서 빛이 반사가 되기 때문에 그림자 색을 생략해 준다). 바닥에 접지된 부분에 그림자를 잡아주고 마무리한다(완성).

■ 커튼 그리기 (드로잉 라인에 의한 이미지)

커튼의 종류에는 크게 셰이드(Shade)형, 블라인드(Blind)형, 스크린(Screen)형, 일반적인 천으로 된 드레이퍼리 (Draperiy)형 등이 있는데 각각 종류에 따라 생김새가 달라 그 표현을 달리해 준다. 천(직물)의 재질이고 주름의 표현들이 많아서 디테일 하게 표현하기에는 상당한 까다로움이 있다. 사용되는 선들이 주로 곡선이다 보니 거친 선이 나오지 않게 충분한 곡선의 연습이 필요하게 된다. 간략한 이미지스케치를 위해서 가능하면 선을 한 번에 긋는 연습을 반복하기 바란다. 여기에 제시된 디테일한 이미지는 색감이나 주름의 표현 등을 참고해서 스케치 하는데 활용하기 바란다.

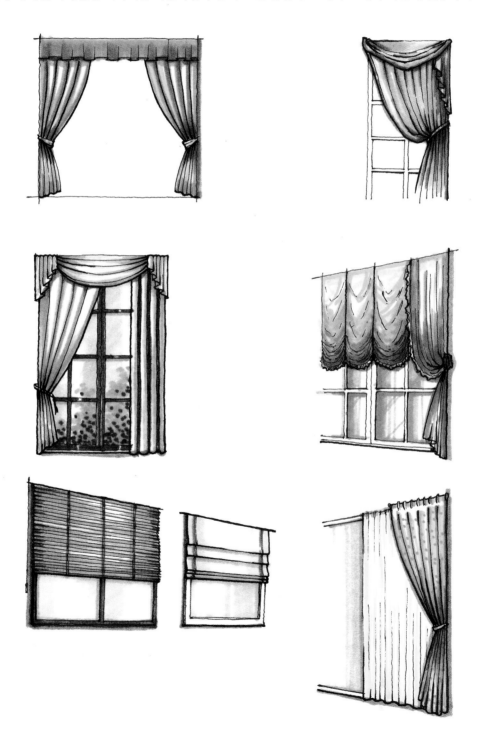

러프 라인에 의한 커튼 이미지(A4 용지에 플러스 펜과 마커 사용)

커튼은 크게 주름과 약간의 색감으로도 이미지를 충분히 전달할 수 있다. 선을 많이 사용하게 되면 오히려 이미지가 지저분하게 보이고 거칠어 보일 수가 있다. 주름이 주된 것이기에 그 선을 따라 채색을 해 주는 것이 효과적이다. 따라서 선과 색을 너무 많이 사용하지 않도록 충분한 훈련을 하여야 한다.

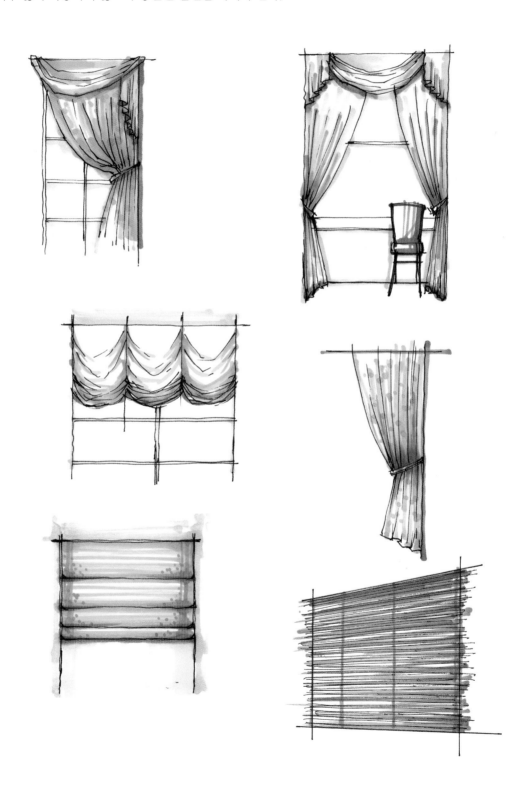

커튼을 그리는 방법

커튼의 기본형태 그려보기

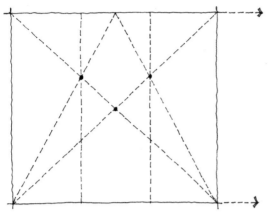

1단계 : 창의 크기를 결정한 다음 등분법을 이용하거
나 눈대중의 비율로 3등분을 해준다.

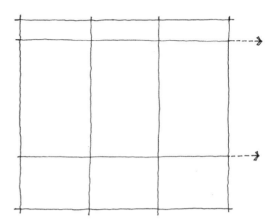

2단계 : 위쪽의 밸런스 부분과 아래쪽 커튼이 묶이는 부분
의 위치를 잡아 평행하게 선을 그어준다.

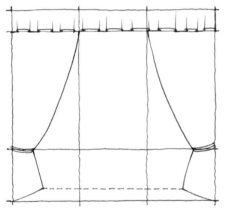

3단계 : 밸런스 부분의 주름을 그려주고 묶여있는
커튼의 전체 폭 선을 완만하게 그려준다.

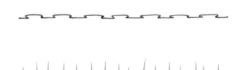

커튼의 밸런스 주름 표현 방법

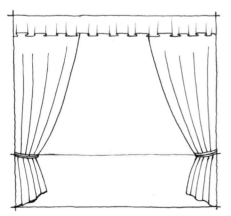

4단계 : 주름의 선을 묶이는 부분에 모아지게 표현하
고 아래쪽의 주름은 요철을 주어 그려준다.

5단계 : 선택한 색 중 가장 연한 색으로 커튼의 주름 선을
위주로 칠해준다.(커튼의 색 선택은 파스텔 톤 같
은 연하고 부드러운 색을 선택하기 바란다.)

6단계 : 선택한 색 계열에서 다음 단계로 진한 색을 사용하여 다시 커튼의 주름 위주로 칠해주고 밸런스 부분의 어두운 부분을 칠해준다.

7단계 : 마지막 가장 진한 색으로 커튼이 묶이는 부분을 중심으로 덧칠하고 무늬의 이미지를 넣어주고 Warm Gray 색의 5번이나 7번 정도로 그림자 지는 부분을 칠해주고 마무리한다.(완성)

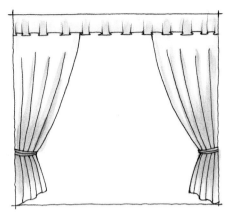

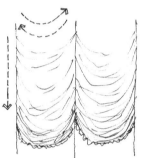

게더식(날개형)주름의 표현 방법

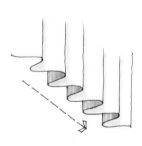
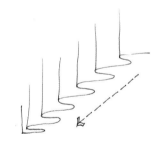

커튼의 주름 표현 방법

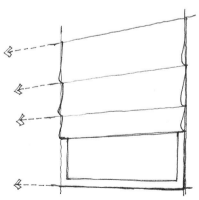
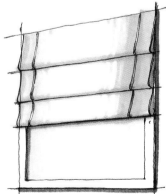

로만 셰이드 주름 형태의 커튼 표현

■ 실내 수목 그리기 (드로잉 라인에 의한 이미지)

실내에서의 수목은 내부 공간의 분위기를 연출하는 자연친화적인 하나의 도구로서 활용되는 요소이다. 수종에 따라 그 입새의 모양이 다르고 느낌이 각기 다르기 때문에 스케치상의 표현에 있어서도 그리고자 하는 수종의 잎 모양의 특징이나 성장하는 모양 정도는 파악해 둘 필요가 있다. 물론 디테일 하게 묘사를 해 보는 것도 좋은 방법이긴 하지만 잎 모양의 몇 가지 특징들을 정리해서 기본 스타일을 만들어 놓게 되면 복잡한 수목의 형태도 단순화시켜 표현할 수가 있다.

아래 그림들은 우리 주변에서 흔히 볼 수 있는 수목을 기준으로 모아 놓았다. 여기서 각 수목의 잎의 패턴을 잘 파악하여 다음 내용에 이어지는 잎 모양 그리는 과정을 연습해 보기 바란다.

수목의 잎 모양 그려보기

수목의 잎은 전체적으로 보았을 때 대부분 타원형의 모양을 기본으로 표현한다. 전체적으로 곡선으로 처리해 주는데, 한 가지 주의할 점은 잎 자체도 실내에서 빛을 받기 때문에 아래쪽의 선을 굵게 처리하여 입체감을 넣어준다. 또한 잎이 무성할 경우에는 잎의 사이사이에 비어있는 공간을 어둡게 칠해줌으로써 입체감을 표현하기도 한다. 난초의 잎처럼 가늘고 긴 잎의 경우에는 꺾어져 그늘지는 밑 부분에 그림자가 생겨나는 것에도 유의한다.

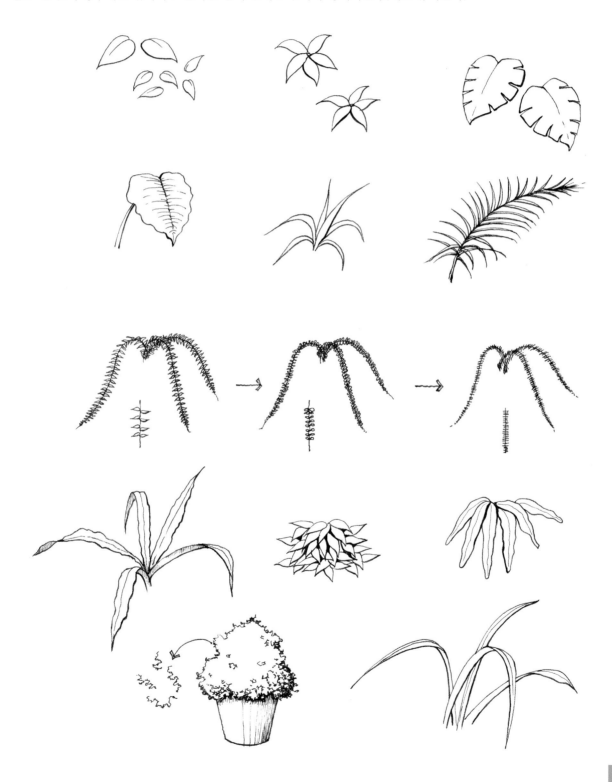

러프 라인에 의한 수목 이미지 (마커 용지에 중성 펜과 마커 사용)

잎을 그리는 연습이 충분히 된 상태에서 기본적인 가지 뼈대를 잡고 잎의 모양을 최대한 단순화시켜 그려보자. 채색의 단계도 전체적인 베이스 컬러를 칠한 후에 Green계열의 색중 가장 진한 색으로 잎의 그늘지는 부분, 뿌리로 줄기가 모이는 부분을 진하게 강조해서 입체감을 준다. 수목의 그림자는 주로 아래쪽으로 몰리는 경향이 있기 때문에 빛의 방향에 크게 의식할 필요는 없다.

참고로 수목의 잎을 그릴 때는 스케치마커(붓 타입)를 사용해 주는 것도 자연스러움을 표현하는데 효과가 좋다.

■ 위생기구 그리기 (드로잉 라인에 의한 이미지)

우리가 어디서든 스케치를 배운다고 할 때, 가장 많이 소외가 되는 공간이 바로 욕실이다. 욕실의 위생기구는 우리가 하루도 빼놓지 않고 접하는 요소들이지만 막상 스케치로 옮기기에는 망설임이 앞서는 것이 바로 욕실이다. 벽이나 바닥의 타일, 거울, 세면기 등등 모두가 광택이 있고 이미지 상 투명성에 가까운 재료들이기에 그 표현에 있어서 어려운 부분이 많다. 하지만 이미지를 묘사하기 위해서는 어느 정도 표현상의 누락도 필요하다. 즉, 부분적인 묘사와 특징적인 색감만을 골라잡아 주는 것이다. 예를 들어 세면대를 그린다고 할 때 그 세면대의 색을 어두운 부분이나 꺾인 굴곡이 생기는 부분만 색의 효과를 내주고 그림자를 넣어주는 것처럼 말이다(러프라인 이미지의 세면대 그림 참조). 즉, 펜 작업으로 전체적인 모양새를 제대로 잡아주면 색감은 부차적인 요소가 되는 것이다.

러프 라인에 의한 위생기구 이미지(A4 용지에 플러스 펜과 마커 사용)

거울면의 느낌을 표현하기 위해 간간히 색연필을 사용하기도 하고 물의 느낌을 표현하기 위해 색연필이나 마커 위에 화이트 펜이나 수정액을 사용하기도 한다. 위생기구는 곡면으로 된 부분이 많기 때문에 펜으로 스케치를 할 때나 마커로 채색을 할 때에는 면 보다는 선으로 그라데이션 효과를 잡아주는 것이 좋다.

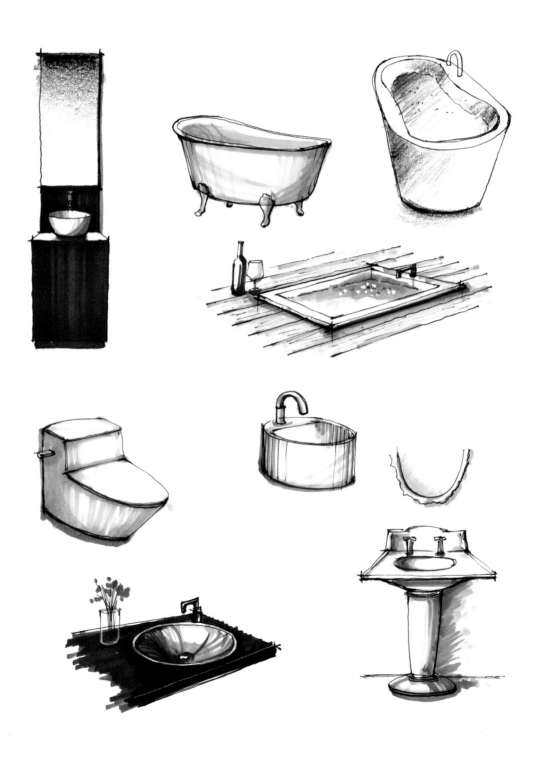

위생기구 그려보기

거울은 그 자체가 투명한 재질로써 뒷면의 도장 처리에 의해 사물이 그대로 비춰질 수 있게 만든 재료이다. 그래서 자체의 색은 없는 성질을 가지고 있기 때문에 표현에 있어서 애매하기만 한다. 하지만 유리 같은 이미지를 위해 일정한 표현방식을 만들어 사용하기도 한다. 우선 가장 무난하게 보일 수 있는 명암의 그라데이션을 만드는 것이다. 상하좌우 어느 한쪽을 기준 잡아서 거기부터 아주 진하게 시작하다가 점점 흐리게 처리하는 방법이다. 색연필로도 톤을 만들 수 있고 마커를 사용할 때는 차가운 느낌의 Cool Gray 계통의 무채색을 사용하는 것이 좋다. 또한 도기질로 된 세면기나 변기들도 광택이 있기 때문에 사용되는 색을 단계적으로 농도를 높여가며 반사되는 부분을 남기고 마커의 칠을 선형(선이 보이게)으로 칠해준다.

거울의 표현

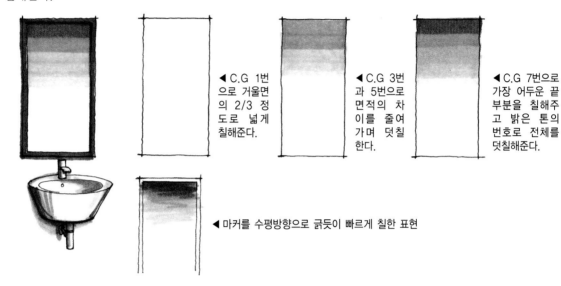

◀ C.G 1번으로 거울면의 2/3 정도로 넓게 칠해준다.

◀ C.G 3번과 5번으로 면적의 차이를 줄여가며 덧칠한다.

◀ C.G 7번으로 가장 어두운 끝 부분을 칠해주고 밝은 톤의 번호로 전체를 덧칠해준다.

◀ 마커를 수평방향으로 긁듯이 빠르게 칠한 표현

세면기의 표현

세면기 내부의 어두운 면을 곡면을 따라 칠해주고 밝은 부분은 몇 가닥 선이 보이게 칠해준다. 한 단계 진한 색으로 어두운 부분을 덧칠해 준다.

한 단계 더 진한 색으로 어두운 부분을 면적을 줄여 덧칠해 준다. 바깥부분의 면도 같은 방법으로 진행한다.

마지막으로 가장 진한 색으로 면적을 가장 작게 하여 어두운 면을 칠해주고 바닥면의 그림자를 타원형으로 잡아준다.

좌변기 그리기 1단계

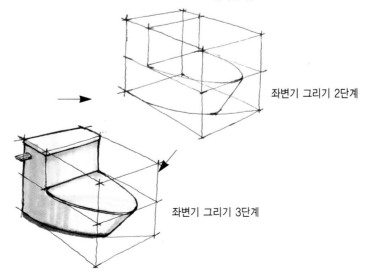

좌변기 그리기 2단계

좌변기 그리기 3단계

■ 조명기구 그리기 (드로잉 라인에 의한 이미지)

인테리어의 꽃이라 할 수 있는 조명은 디자인적인 실내를 한층 더 돋보이게 해주는 요소이다. 용도에 따라 그 종류도 헤아릴 수 없을 만큼 많지만 우선 기본적인 조명의 용도에 따른 형태와 역할을 알고 스케치에 접근해 보는 것이 좋다. 우선 가장 평범하게 알고 있는 갓이 있는 테이블형 스탠드와 천정에 부착되는 직부 등 형태, 그리고 천정에서 달아 내려온 달대등(펜던트)과 바닥에 세우는 플로어 스탠드 같은 것이 대표적이다. 우리가 스케치를 함에 있어서 숙지하고 넘어가야 할 것은 원형으로 된 조명은 우리 눈에 타원형으로 보이고 천정 면에 붙어 있는 조명은 각이 있는 경우 그 모서리의 각이 우리 눈에서 멀리 또는 높게 있어서 상당히 커 보인다는 것을 조심해야 한다. 스케치를 하면서 흔히 틀리기 쉬운 실수이기 때문에 평상시 조명에 대한 관심을 더 가져보는 것이 좋을 것이다.

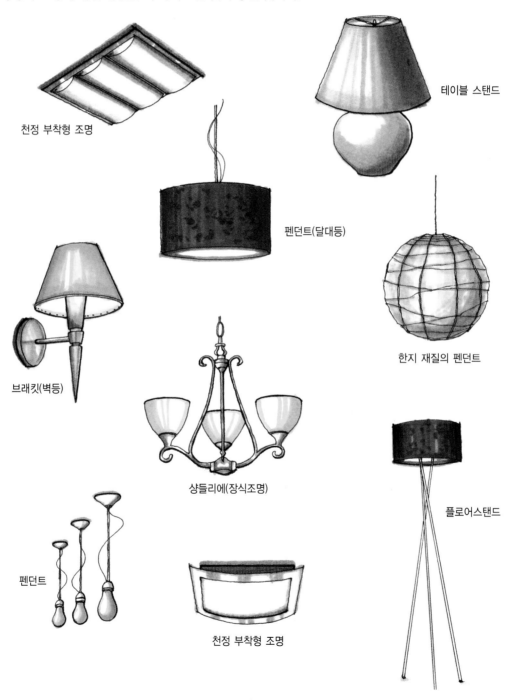

천정 부착형 조명

테이블 스탠드

펜던트(달대등)

한지 재질의 펜던트

브래킷(벽등)

샹들리에(장식조명)

플로어스탠드

펜던트

천정 부착형 조명

러프 라인에 의한 조명기구 이미지 (A4 용지에 플러스 펜과 마커 사용)

조명기구를 채색할 때에는 칠해지는 색의 면적을 줄여주어야 한다. 조명기구 그 자체가 발광체이기 때문에 표면이 직물이나 기타 투박한 재질로 외관처리가 되어 있지 않는 이상 약간의 색감만으로도 표현은 충분하다. 그리고 조명 외관의 내부에는 빛이 반사되는 것을 감안해 거의 색을 표현하지 않는다는 것도 유의하기 바란다.

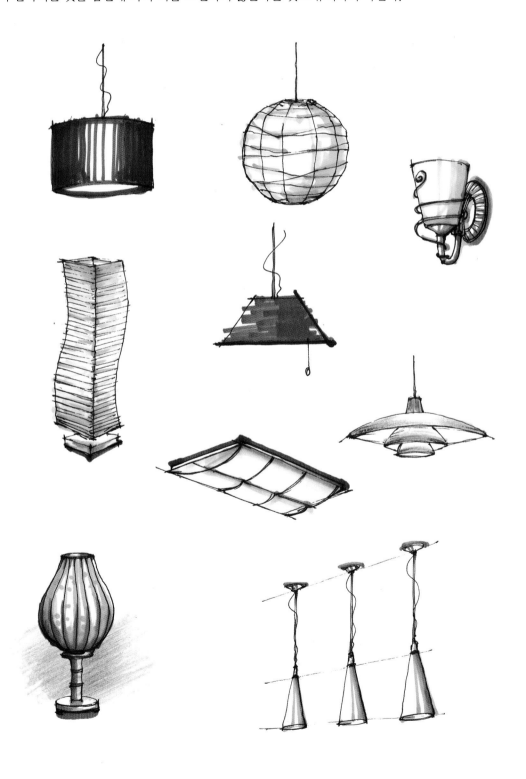

조명기구 그려보기

조명기구는 좌우 대칭형이 주를 이룬다. 그리고 눈높이에 따른 타원의 변화를 잘 관찰하여 비례를 맞춰주는 것이 중요하고, 천정에 부착된 조명의 경우에는 모서리의 기울기 각이 눈높이 아래의 조건보다 훨씬 크다는 것에 주의해야 한다.

펜 작업된 밑그림(테이블 스탠드)

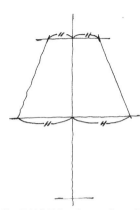

1단계 : 중심축선을 잡고 스탠드 갓의 위아래 보조선을 등거리로 잡아준다.

2단계 : 타원형으로 위아래 전등갓의 곡선을 잡아준다.(타원의 중심에서 멀리보이는 쪽은 얇고 가까이 보이는 쪽은 넓게 잡아준다.)

3단계 : 전등갓의 색을 선택하여 가장 밝은 색부터 단계적으로 칠해주며 양 끝으로 갈수록 진해지는 그라데이션 효과를 내준다.

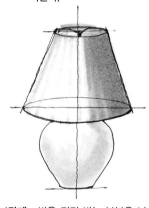

4단계 : 빛을 직접 받는 부분은 남겨두고 하부 몸체의 색을 칠해준다.

5단계 : 점차 진한 색으로 면적을 줄여주며 마무리한다.(완성)

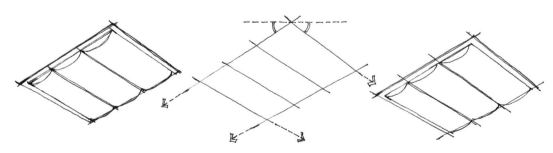

천정에 부착된 조명

1단계 : 각도 조절을 위한 수평보조선을 잡고 사각 형태를 소점의 흐름을 의식하며 그려준다.

2단계 : 비례적인 3등분을 하여 형태를 완성한다.(눈에서 멀어질수록 면이 점차 좁게 보인다.)

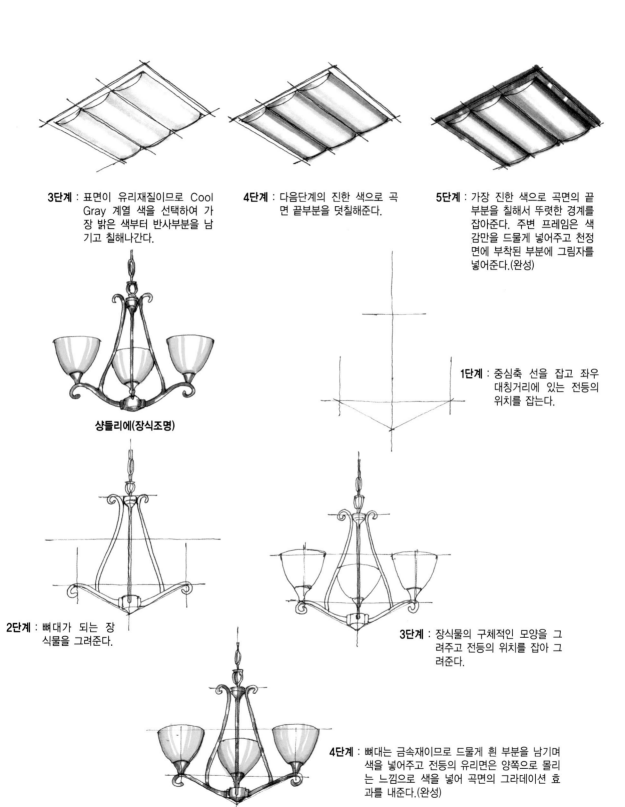

3단계 : 표면이 유리재질이므로 Cool Gray 계열 색을 선택하여 가장 밝은 색부터 반사부분을 남기고 칠해나간다.

4단계 : 다음단계의 진한 색으로 곡면 끝부분을 덧칠해준다.

5단계 : 가장 진한 색으로 곡면의 끝부분을 칠해서 뚜렷한 경계를 잡아준다. 주변 프레임은 색감만을 드물게 넣어주고 천정면에 부착된 부분에 그림자를 넣어준다.(완성)

샹들리에(장식조명)

1단계 : 중심축 선을 잡고 좌우 대칭거리에 있는 전등의 위치를 잡는다.

2단계 : 뼈대가 되는 장식물을 그려준다.

3단계 : 장식물의 구체적인 모양을 그려주고 전등의 위치를 잡아 그려준다.

4단계 : 뼈대는 금속재이므로 드물게 흰 부분을 남기며 색을 넣어주고 전등의 유리면은 양쪽으로 몰리는 느낌으로 색을 넣어 곡면의 그라데이션 효과를 내준다.(완성)

Chapter 04

건축·인테리어스케치를 위한 간략투시도법

이번 단원에서는 건축이나 인테리어스케치를 위해 익혀두어야 할 투시도법에 대해 공부할 것이다. 투시도라고 하면 초보자에게는 다소 생소할 수도 있고 도법을 공부하는 전공자나 실무자들도 쉽게 접근하기 어려운 부분이라 할 수도 있는데, 투시도라는 것도 그 근본적인 원리를 알면 그리 어렵게만 생각할 것도 아니다. 투시도의 근원은 바로 원근법의 표현에서 비롯된다. 즉, 멀리 있는 사물과 가까이 있는 사물과의 거리나 비율 관계 등을 실제 사물의 비례에 맞게 분석적인 방법으로 스케일이라는 기본 척도를 적용해 하나의 기준을 잡아놓은 약속이라 할 수 있다. 물론 스케치를 위해서는 원칙적인 도법이 불필요할 때도 많다. 스케치라는 개념 자체가 하나의 구상된 완성물을 만들기 위한 기초 밑그림 단계이기 때문이다. 하지만 혼자만의 그림으로 다른 이들에게 그 내용을 모두 이해시킨다는 것은 무리가 따르게 된다. 그래서 일정한 기준을 정해놓고 그 기준에 의해 결과물의 틀을 잡아가는 과정이 필요한 것이다. 입체물 하나를 그리더라도 누구나가 느끼고 공감할 수 있는 결과물을 만드는 것이 중요할 것이다. 투시도법을 공부한다면 물론 스케치를 하는데 있어서도 많은 도움이 된다. 하지만 여건상, 목적상, 또 실무적인 스케치를 해야 하는 상황에서는 원칙적인 도법은 사실상 무용지물이 되어 버리고 만다. 그래서 이 책에서는 복잡한 투시도법 대신 좀 더 빠르고 효율적으로 투시도의 기본 개념을 잡을 수 있는 간략도법을 실어 보았다. 중요한 것은 여러분이 도법에 의지하지 않고도 원근감이라는 비율에 대해 얼마나 많은 습작에 의해서 눈대중(눈의 감각)을 훈련시키느냐에 따라 그 실력을 가늠하게 될 것이다.

건축 스케치를 위한 간략도법

■ 1소점 외관투시

1소점 투시는 아래의 그림처럼 1개의 단일 소점으로 수평 수직을 제외한 모든 선들이 결집됨으로써 그 형태가 결정지어지는 투시도이다. 즉, 관찰자에기 보여지는 정면부분과 측면부분이 평행하게 설정되는 것이다. 여기서 주의할 점은 건물형태의 측면보다 앞면을 넓게 그리지 않는 것이다. 가로로 긴 건물이 아닌 이상 실제로 그리 보이질 않고 또 앞면을 넓게 그려버리면 소점방향으로 흘러가면서 생성되는 옆 건물의 비례가 맞질 않아 좋은 표현이 되지 못한다.

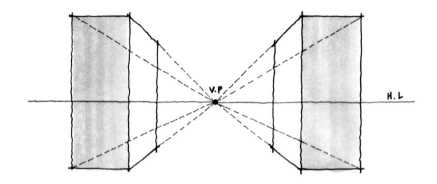

건물의 형태가 잡히면 수직선을 필요한 만큼 등거리로 나누어 소점방향으로 선을 그어주면 수평선상의 등분이 되고 이에 수직 등분은 그 면을 아래의 그림처럼 대각선으로 나누어 주면 쉽게 면을 분할할 수가 있다. 이 도법은 도로를 중심으로 양쪽으로 건물들이 길게 늘어선 구도의 스케치를 할 때 적합하다.

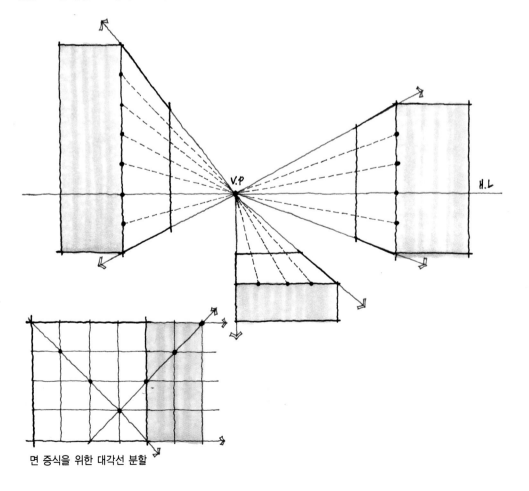

면 증식을 위한 대각선 분할

■ 2소점 외관 투시(Exterior Perspective)

이 도법은 투시형태의 건물 외관을 그릴 때 사용되는 방법이다. 처음엔 도법을 응용해 그려보지만 형태를 잡는 것과 흐름선을 긋는 것에 익숙해지면 나중엔 눈대중으로 그리는 습관을 가져야 한다.

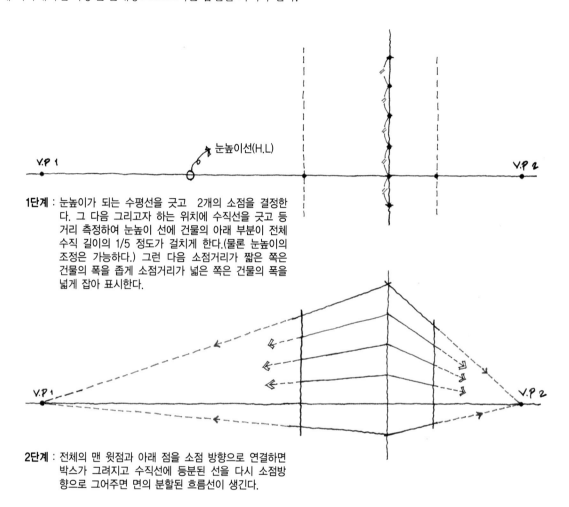

1단계 : 눈높이가 되는 수평선을 긋고 2개의 소점을 결정한다. 그 다음 그리고자 하는 위치에 수직선을 긋고 등거리 측정하여 눈높이 선에 건물의 아래 부분이 전체 수직 길이의 1/5 정도가 걸치게 한다.(물론 눈높이의 조정은 가능하다.) 그런 다음 소점거리가 짧은 쪽은 건물의 폭을 좁게 소점거리가 넓은 쪽은 건물의 폭을 넓게 잡아 표시한다.

2단계 : 전체의 맨 윗점과 아래 점을 소점 방향으로 연결하면 박스가 그려지고 수직선에 등분된 선을 다시 소점방향으로 그어주면 면의 분할된 흐름선이 생긴다.

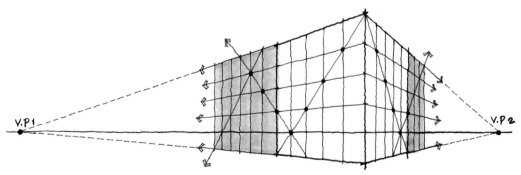

3단계 : 건물의 형태가 완성되면 대각선을 사용해 면을 분할해 준다. 증식이 필요하면 역 대각선을 사용하여 필요한 만큼 증식해 준다.(수직으로 증식하려 한다면 앞서 배웠던 수직 증식법을 이용하면 쉽게 증식할 수 있다.)

■ 2소점 조감 투시 (Bird's-eye view Perspective)

이 도법은 건물을 위에서 내려다보았을 때의 형태를 그려줄 때 적용되는 방법이다. 투시형과는 달리 건물을 둘러싼 주변 환경을 많이 표현해줄 수 있다는 장점이 있다. 또한 이 도법을 변형하여 소점과는 무관하게 건물의 각을 평행하게 설정하여 그리게 되면 등각 투상도라는 도법이 되기도 한다.

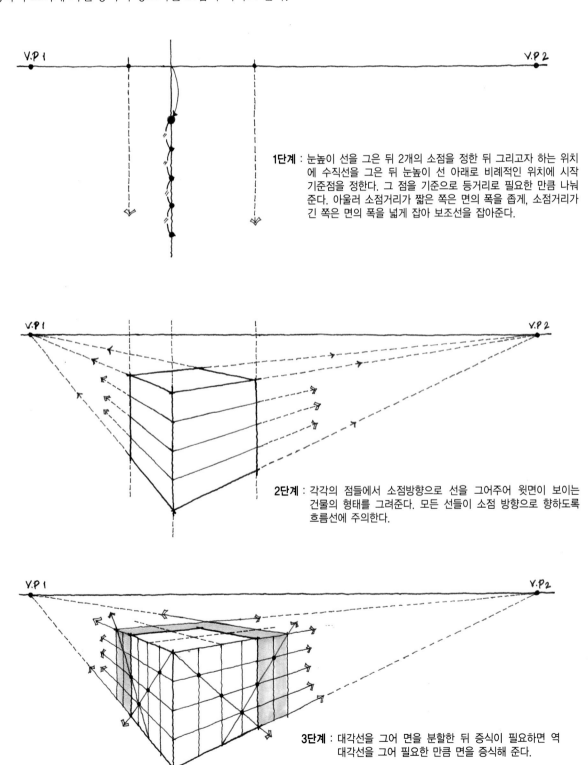

1단계 : 눈높이 선을 그은 뒤 2개의 소점을 정한 뒤 그리고자 하는 위치에 수직선을 그은 뒤 눈높이 선 아래로 비례적인 위치에 시작 기준점을 정한다. 그 점을 기준으로 등거리로 필요한 만큼 나눠준다. 아울러 소점거리가 짧은 쪽은 면의 폭을 좁게, 소점거리가 긴 쪽은 면의 폭을 넓게 잡아 보조선을 잡아준다.

2단계 : 각각의 점들에서 소점방향으로 선을 그어주어 윗면이 보이는 건물의 형태를 그려준다. 모든 선들이 소점 방향으로 향하도록 흐름선에 주의한다.

3단계 : 대각선을 그어 면을 분할한 뒤 증식이 필요하면 역 대각선을 그어 필요한 만큼 면을 증식해 준다.

건축 간략도법 예제 1 (투시형태)

앞서 배운 도법을 토대로 다음 평면과 입면을 보고 건물의 형태를 투시형과 조감형으로 그려보자. 채색된 부분이 시 작할 기준 박스(1:1:1 = 가로, 세로, 높이)이고 전체의 1/2만큼 증식된 형태이다.

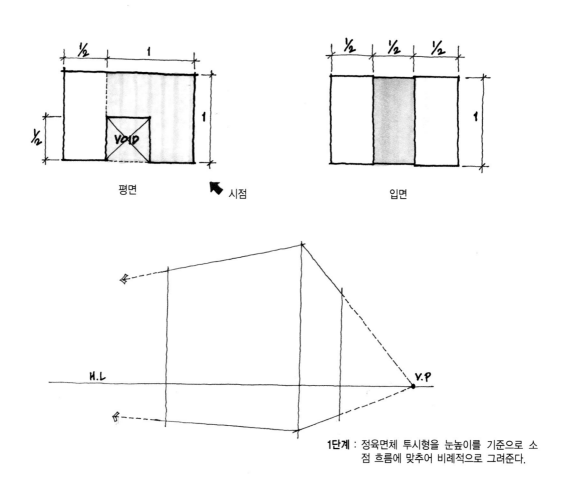

평면   시점   입면

1단계 : 정육면체 투시형을 눈높이를 기준으로 소
점 흐름에 맞추어 비례적으로 그려준다.

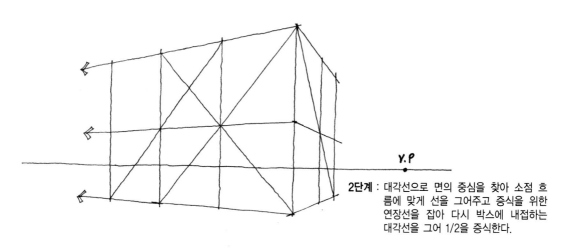

2단계 : 대각선으로 면의 중심을 찾아 소점 흐
름에 맞게 선을 그어주고 증식을 위한
연장선을 잡아 다시 박스에 내접하는
대각선을 그어 1/2을 증식한다.

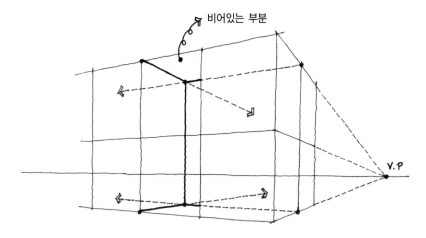

3단계 : 평면을 잘 관찰하여 나누어진 점들에서 서로 소점방향으로 흘러가는 방향 선을 교차시키게 되면 만나는 점이 생기는데 이 점들을 연결하여 비어있는 부분을 제외한 구체적인 형상을 잡아준다.

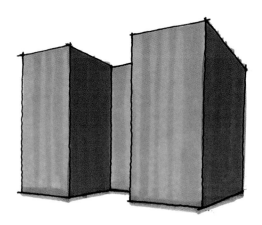

4단계 : 형태의 모양이 잡히면 마커로 밝은 면과 어두운 면을 구분하여 채색해 본다.

참고 사항

투시형을 그려줄 때에는 건물의 아랫부분이 눈높이에 가깝기 때문에 보여 지는 기울기가 완만하게 보이는 관계로 자칫 흐름선을 놓치는 경우가 많다. 때문에 처음에 연습할 때에는 천천히 흐름선을 정확히 파악하며 그어주는 연습을 반복해서 해야 한다.

건축 간략도법 예제 2 (조감형태)

이번엔 같은 평면과 입면의 조건으로 조감형태의 건물을 그려보자.

조감 형태는 눈높이를 얼마만큼을 잡느냐에 따라 건물 아랫면의 기울기 각이 커지거나 작아질 수 있다. 또한 건물이 밑으로 많이 쏠리는 현상(왜곡된 형상)을 방지하기 위해서는 소점의 거리를 가능한 한 멀리 잡아주는 것이 좋다.

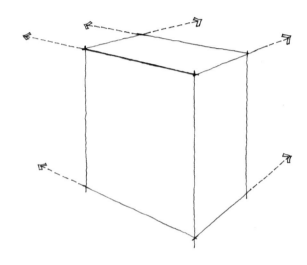

1단계 : 조감형태의 정육면체를 소점흐름 방향에 맞춰 비례적으로 그려준다.(항상 주의할 것은 수직을 제외한 모든 선들이 평행하지 않게 만들어져야 한다는 것이다. 즉, 관찰자 쪽으로 향하는 선들은 벌어져 보이고 소점방향으로 흘러서 멀어지는 선들은 오므라들어 보인다는 것을 명심하기 바란다.)

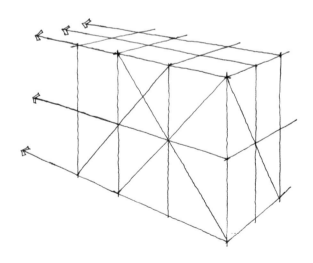

2단계 : 대각선을 이용하여 각 면을 나눠주고 증식할 방향의 보조선을 연장시킨 뒤 다시 대각선을 이용하여 필요한 만큼 증식을 해준다. 이때 박스 상판의 선들 역시 흐름선에 주의하여 그어주어야 한다.

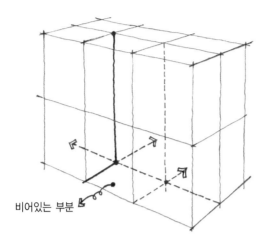

비어있는 부분

3단계 : 형태가 완성되고 면의분할이 끝나면 평면의 모양을 참고하여 요철이 생기는 부분(비어있는 부분)의 위치를 찾아 선으로 연결한 뒤 선이 서로 만나는 점을 연결해 형태를 완성해 준다.

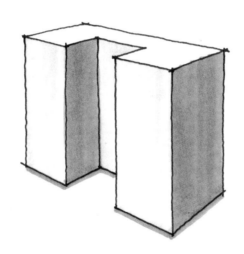

4단계 : 전체의 건물 외관이 완성되면 밝은 면과 어두운 면을 구분하여 마커로 채색해 본다.

필자의 한마디…

   여러분은 지금 약식의 도법을 연습하고 있지만 도법의 차원을 떠나 중요하게 인식해야 할 것은 어떠한 방법적이고 공식적인 것에 큰 비중을 두지 말라는 것이다. 이 과정에서 여러분들이 익혀야 하는 것은 도법의 중요성이나 형식적인 방법이 아닌 물체의 흐름선을 찾아내어 눈을 훈련시키라는 것이다. 눈의 감각이 훈련되지 않으면 다른 기계적인 도구를 사용한다 해도 그 흐름을 찾아내기란 쉽지 않은 일이다. 따라서 여러분이 이 과정을 통해서 흐름을 잡아내는 개념을 제대로 파악하게 된다면 형태를 만드는데 있어서 그보다 더 값진 일은 없을 것이다.

건축 간략도법 예계 3 (투니 형태)

이번엔 보는 위치를 달리하여 건물의 일부가 수직으로 증식된 형태의 투시형과 조감형태의 건물을 그려보자. 평면상의 채색된 부분을 1:1:1의 박스로 시작하여 수평 증식된 부분에서 전체의 1/2 만큼이 증식된 형태이다.

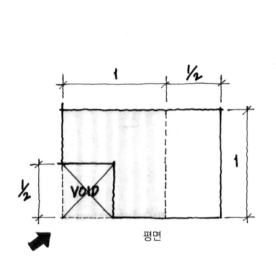

평면

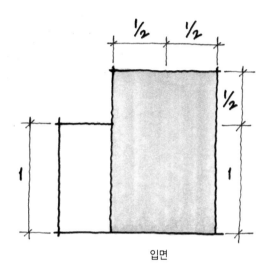

입면

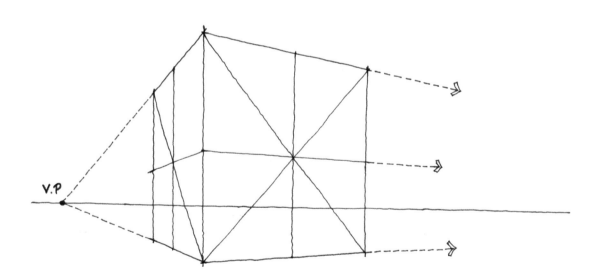

1단계 : 우측면이 많이 보이는 정육면체를 소점 흐름에 맞춰 비례적으로 그려주고 대각선을 이용하여
면을 분할한다. 증식할 부분의 보조선을 연장해 둔다.

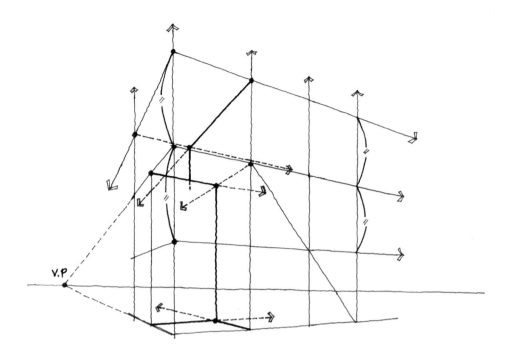

2단계 : 대각선을 이용하여 수평으로 1/2 만큼 증식한 뒤 수직증식을 위한 보조선을 긋는다. 수직의 증식은 앞서 배웠던 대로 눈대중에 의해 등거리로 찍어 올린 점에서 소점으로 향하는 흐름선을 그어준다. 평면상의 비어있는 부분과 수직 증식된 면적을 찾아 각각의 점들에서 소점흐름으로 선을 연장해서 만난 결합 점들을 찾아 연결해 주고 형태를 완성한다. 참고로, 선의 흐름을 찾는 방법은 기준 모서리 선을 중심으로 선이 박스의 내부로 들어갈 때 우측면에서는 좌측 소점방향으로, 좌측면은 우측 소점 방향으로 향한 다는 것을 기억해 두기 바란다.

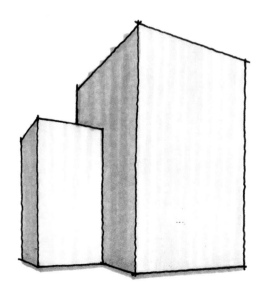

3단계 : 형태가 완성되면 밝은 면 어두운 면을 구분해 채색해 본다.

건축 간략도법 예게 4 (조감 형태)

예제 2의 같은 평면과 입면의 조건으로 조감형태의 건물형태를 그려보자. 시작하기 전에 알아둘 것은 조감형태를 수직으로 증식하는 경우에는 눈높이를 조금 더 높게 설정하고 박스를 너무 크지 않게, 그리고 키를 조금 작게 그려주는 것이 좋다. 왜냐하면 수직으로 증식될수록 박스의 상판 면적이 납작해져서 흐름선을 잡기가 힘이 들어지기 때문이다.

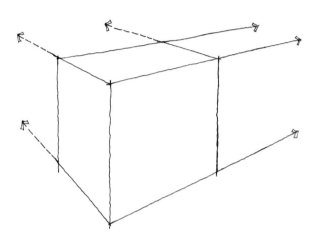

1단계 : 눈높이를 조금 높게 하고 키를 조금 작게 하여 소점의 흐름 방향에 맞추어 조감형의 정육면체를 그려준다. 또한 수평증식을 위한 연장선도 함께 잡아준다.

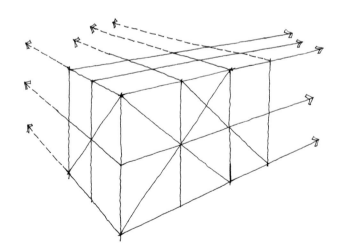

2단계 : 대각선을 이용하여 면을 분할한 뒤 수평 방향으로 증식해준다. 이때 박스의 상판 흐름선의 비례에 주의하여 그어준다.

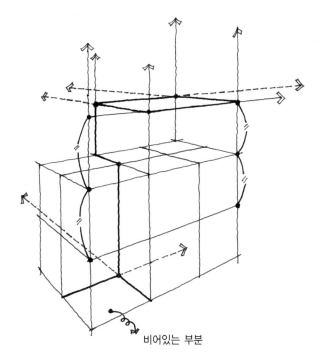

비어있는 부분

3단계 : 수직으로 증식하기 위한 보조선을 각 모서리마다 올려 그어준다. 증식하고자 하는 거리 만큼을 눈대중으로 등거리를 찍어 잡아주고 소점흐름 방향으로 선을 그어준다. 평면상 비어있는 부분과 수직 증식된 부분의 면적을 찾아 각 방향으로 선을 그어 교점을 찾아 형태를 완성해 나간다.

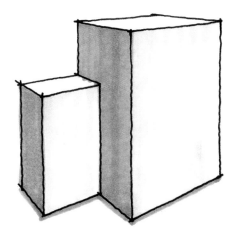

4단계 : 형태가 완성되면 밝은 면 어두운 면을 구분하여 채색해 본다.

필 자 의 한 마 디 …

채색은 그 도구가 무엇이든 상관이 없다. 단순한 박스에 채색이 별 의미가 없는 것이라 생각지 말고 마커 같은 채색도구에 자꾸 친숙해지기 위한 하나의 과정이니 너무 단조롭게 생각하지 않기 바란다.

건물 외관 스케치에 있어서의 눈높이 설정 방법

건물을 스케치할 때 관찰자의 눈높이를 어디에 두느냐에 따라 건물의 표정이 달라진다. 아래의 그림을 참조하여 건물의 주요한 부분이나 주변경관을 강조하고자 할 때 상황에 맞게 적용하면 좋을 것이다.

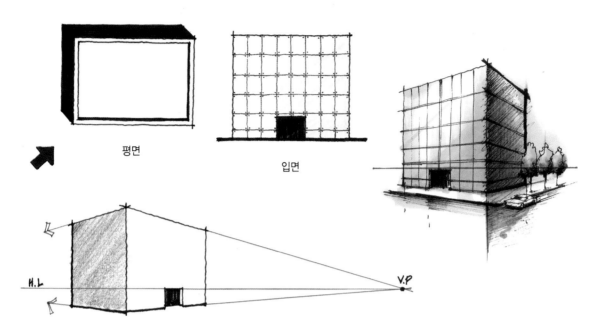

평면

입면

보통의 지면상에서 본 눈높이로 설정하게 되면 안정감 있고 주변경관을 포함한 전체적인 이미지를 표현하기에 적합하다.

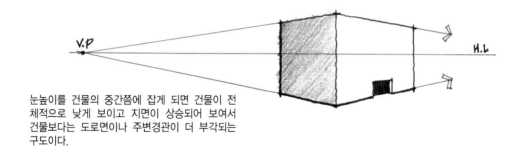

눈높이를 건물의 중간쯤에 잡게 되면 건물이 전체적으로 낮게 보이고 지면이 상승되어 보여서 건물보다는 도로면이나 주변경관이 더 부각되는 구도이다.

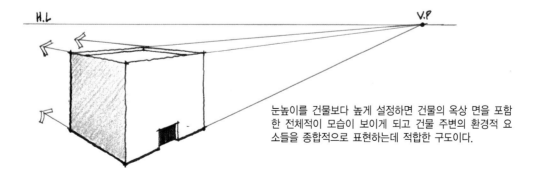

눈높이를 건물보다 높게 설정하면 건물의 옥상 면을 포함한 전체적인 모습이 보이게 되고 건물 주변의 환경적 요소들을 종합적으로 표현하는데 적합한 구도이다.

건물 외관의 채색 표현

고층 빌딩의 경우 그 외관이 유리의 재질로 되어 있는 경우가 많다. 따라서 표면이 반사가 되는 부분과 그렇지 않은 부분이 있는데, 관찰자의 시선위치에서 건물을 바라보았을 때 높은 부분은 태양광에 가깝기 때문에 빛의 반사효과로 색감이 거의 느껴지지 않는다. 그리고 아래쪽으로 내려올수록 광원에서 멀어지고 또 관찰자가 건물표면을 구체적으로 식별하는 것이 가능하고 또 마주보고 있는 건물의 상이 표면에 비추기 때문에 채색을 할 때 하단부로 내려올수록 점점 진해지게 채색을 해주는 것이다. 당연 빛을 직접 받지 않는 건물의 측면은 어둡게 처리한다. 그리고 출입구부분은 관찰자의 시야에 그 건물의 내부가 보이기 때문에 전체 건물의 톤 중에서 가장 어둡게 처리해 준다.

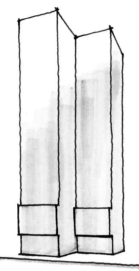

1단계 : 가장 높은 부분은 파스텔 톤의 하늘색으로 건물표면에 하늘이 비치는 효과를 내주기 위해 모서리부분에 대각선 방향으로 부분적인 칠을 해준다. 그리고 건물 색을 선택하여 가장 밝은 색을 흰 부분을 남겨두고 칠해준다.

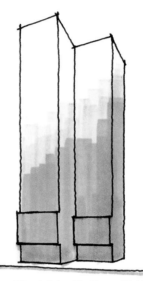

2단계 : 다음 단계의 진한 색으로 칠하는 면적을 줄여 덧칠해준다.

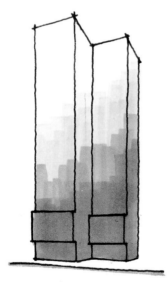

3단계 : 다시 또 같은 방법으로 같은 계통의 진한 색으로 밑 부분에 색이 몰리는 느낌으로 덧칠해준다.

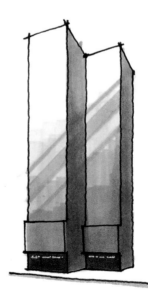

4단계 : 건물의 어두운 측면 부를 건물색의 가장 진한 색이나 Warm Gray 계열의 5번이나 7번으로 아래에서 올려치는 느낌으로 하단 부를 더 진하게 해준다. 출입구 부분은 Warm Gray 계열의 7번 또는 9번으로 진하게 칠해준 뒤 필요에 따라 내부의 조명효과를 화이트 펜으로 처리해 준다.(완성)

도로의 채색 방법

건물의 외관 스케치에 있어서 도로의 표현은 건물을 안정감 있게 지탱해주는 역할을 한다. 즉, 도로를 표현해 줌으로써 건물이 떠 보이지 않게 하고 기타 건물 주변의 환경적 요소를 표현할 수 있게 해 주는 요소이다. 우선은 도로의 차량 이동성을 고려해 그 방향에 맞게 잡아주는 것이 좋고, 실제로는 건물이 도로에 비춰 보이지 않지만 노면이 젖어 있을 때나 시각적으로 건물을 부각시켜 주기 위해 어두운 측면의 그림자나 출입구 분을 바닥에 거울처럼 비치는 효과를 잡아준다.

C.G 3　　　C.G 5　　　C.G 7

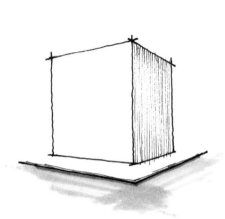

1단계 : Gray 계열 색 3번으로 소점 흐름 방향에 맞춰 각기 방향으로 교차시켜 칠해준다. 끝부분이 사라지는 느낌으로 중앙부에 도로의 면적이 많이 만들어지게 한다.

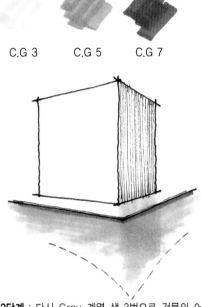

2단계 : 다시 Gray 계열 색 3번으로 건물의 어두운 면의 그림자가 도로에 비치는 느낌으로 수직으로 내려 칠한다. 이때 건물의 전면 부는 건물 가장자리 바깥쪽으로 비치는 느낌을 잡아주어 전체적으로 건물의 모서리를 기준 잡아 깔대기 모양처럼 칠해지도록 조정한다.

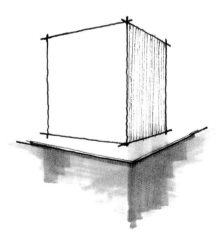

3단계 : Gray 계열 색 5번으로 그림자의 이미지를 한층 더 진하게 칠해준다.

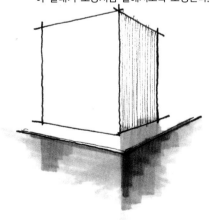

4단계 : 마지막으로 Gray 계열 색 7번으로 인도와 도로의 경계를 진하게 잡아주고 그라데이션 톤을 의식하여 그림자의 인도와의 경계선 위주로 적은 면적을 한 번 더 칠해준다.

간략 도법 응용 예계(투시형)

이번엔 간략도법을 응용한 건물의 투시형태와 조감형태를 그려보자. 아래의 평면과 입면을 참고하여 건물 스케치를 해보자. 여러분이 지금은 도법을 의존해서 스케치를 하지만 도법의 기본 개념과 형태의 입체적 비례감, 그리고 흐름을 눈의 감각으로 잡아내는 훈련이 많아진다면 도법에 의존하지 않고서도 그려낼 수 있는 실력이 만들어질 것이다.

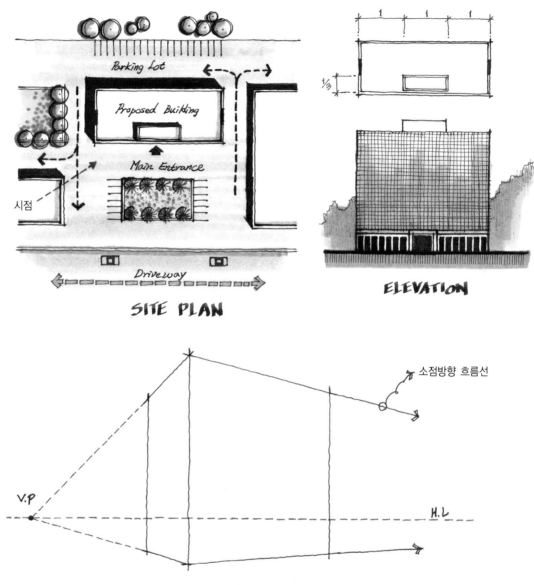

1단계 : 눈높이 선을 설정하고 소점을 결정한 뒤 소점방향 흐름의 비례에 맞춰서 정육면체 투시형을 그려준다.

필자의 한마디…

아무리 강조해도 지나치지 않는 것은 항상 맨 처음 시작하는 박스(입체)를 비례적으로 만들어 내는 것이 가장 중요하다. 박스의 비례가 맞지 않으면 스케치의 모양새가 나지 않으므로 늘 이것을 염두해 두어야 한다.

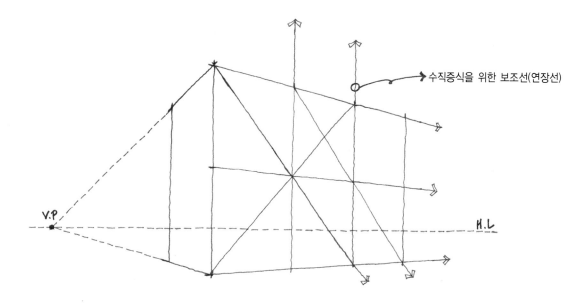

2단계 : 대각선을 사용하여 면을 분할하고 수평방향으로의 증식을 해준다. 그리고 수직부분의 구조물을 그리기 위한 보조선을 잡는다.

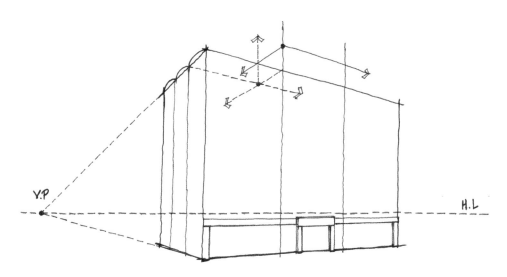

3단계 : 측면을 눈대중으로 등분하여 면을 나눠주고 건물 상부의 박스를 평면을 참고하여 흐름의 교차점을 찾아 형태를 완성해주고 건물의 출입구 부분을 그려준다. 건물 측면을 대각선으로 등분하기에는 조금 복잡하기 때문에 눈대중으로 나누어 주는 대신 원근감에 따라 소점방향으로 갈수록 면적이 줄어드는 것에 유의한다.

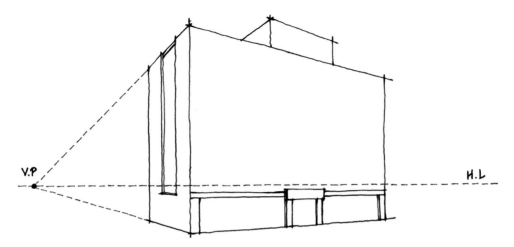

4단계 : 측면부의 유리창을 완성하고 전체적인 형태의 비례와 흐름선
이 틀린 곳이 있는지 확인한다.

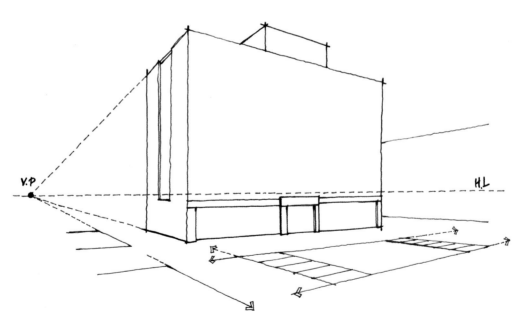

5단계 : 인접 건물이나 주변경관의 위치와 면적을 소점 흐름을 의식하
며 각각의 자리 값을 잡아준다.

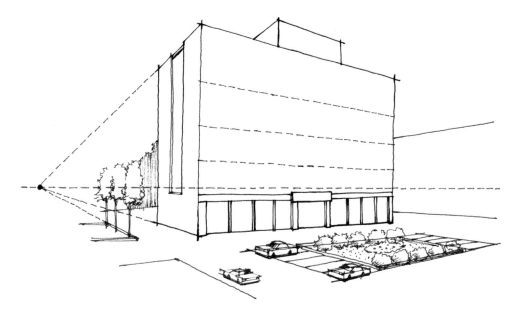

6단계 : 건물의 주변 경관물 들을 그려주고 건물 표면의 유리 프레임 선을 그어주기 위한 보조선을 소점흐름 방향에 맞추어 몇 줄만 잡아준다. 나무를 그릴 때는 나무의 높이 역시 소점 흐름에 어긋나지 않게 주의한다.

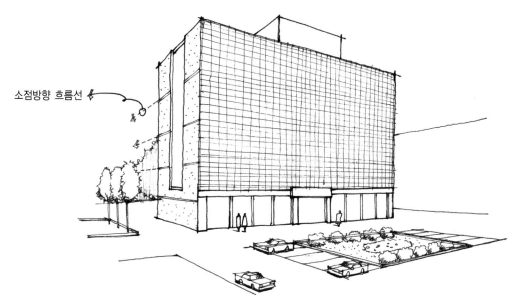

소점방향 흐름선

7단계 : 건물 정면의 유리 프레임 선을 미리 잡아놓은 흐름선에 맞추어 선을 채우고 건물 측면부도 벽체의 구분선을 소점 흐름에 맞게 나누어 잡아준다. 스케일 비례에 맞게 사람을 표현해 본다.

THK. 24 Colored
pair glazing

Exposed con.

Parking Lot

THK. 32 Colored laminated
Pair glazing

Main ENT.

EXTERIOR PERSPECTIVE

8단계(채색) : 전체적인 건물의 이미지가 완성되면 필요한 색을 선택하여 채색에 들어간다. 건물 상부의 반사되는 부분과 측면의 그림자 표현에 주의하고 필요에 따라 외부의 마감표시나 동선의 관계, 주변 환경과의 관계표시를 해준다.

■ 도법을 배제한 러프라인 스케치 이미지

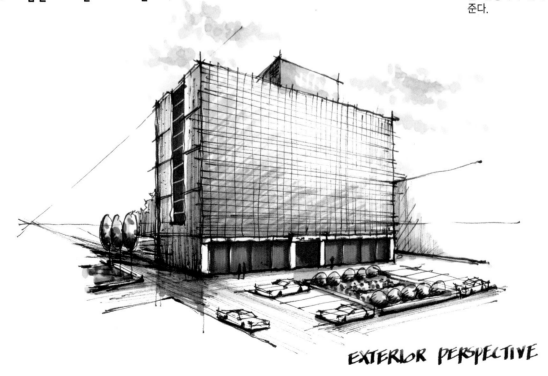

EXTERIOR PERSPECTIVE

간략 도법 응용 예계 (조감형)

앞서 그려본 건물의 형태를 이제는 조감형태로 그려보자. 앞서 설명했듯이 조감형을 그릴 때는 수직 증식을 할 것을 고려해 건물의 높이를 조금 낮게 하고 가능하면 소점 거리를 멀리 해주어야 건물이 안정감 있게 그려진다.

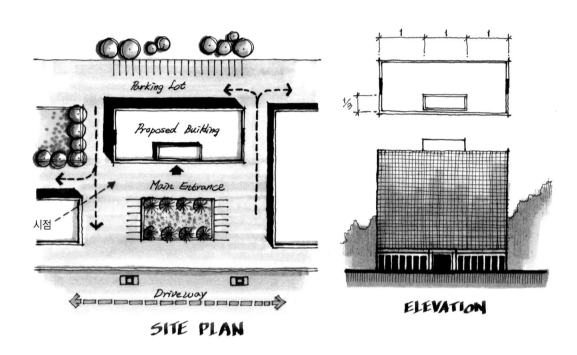

시점

SITE PLAN

ELEVATION

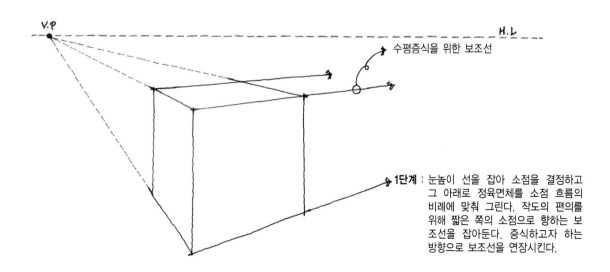

V.P   H.L

수평증식을 위한 보조선

1단계 : 눈높이 선을 잡아 소점을 결정하고 그 아래로 정육면체를 소점 흐름의 비례에 맞춰 그린다. 작도의 편의를 위해 짧은 쪽의 소점으로 향하는 보조선을 잡아둔다. 증식하고자 하는 방향으로 보조선을 연장시킨다.

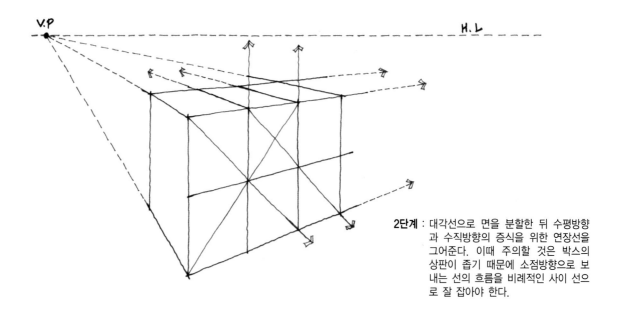

2단계 : 대각선으로 면을 분할한 뒤 수평방향과 수직방향의 증식을 위한 연장선을 그어준다. 이때 주의할 것은 박스의 상판이 좁기 때문에 소점방향으로 보내는 선의 흐름을 비례적인 사이 선으로 잘 잡아야 한다.

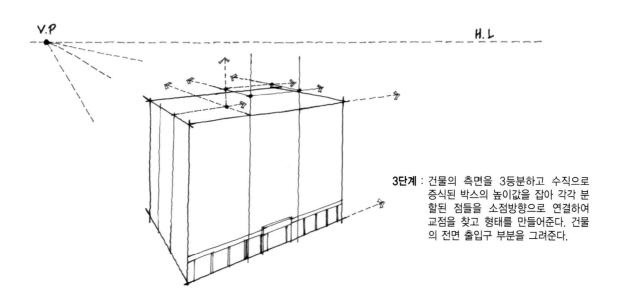

3단계 : 건물의 측면을 3등분하고 수직으로 증식된 박스의 높이값을 잡아 각각 분할된 점들을 소점방향으로 연결하여 교점을 찾고 형태를 만들어준다. 건물의 전면 출입구 부분을 그려준다.

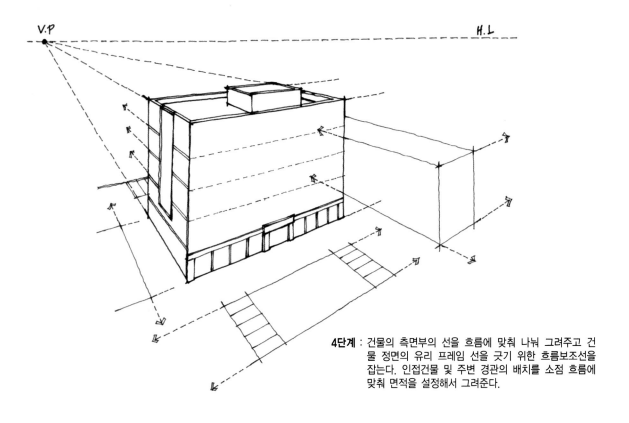

4단계 : 건물의 측면부의 선을 흐름에 맞춰 나눠 그려주고 건물 정면의 유리 프레임 선을 긋기 위한 흐름보조선을 잡는다. 인접건물 및 주변 경관의 배치를 소점 흐름에 맞춰 면적을 설정해서 그려준다.

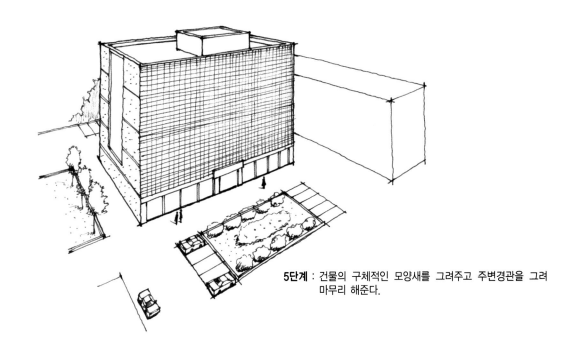

5단계 : 건물의 구체적인 모양새를 그려주고 주변경관을 그려 마무리 해준다.

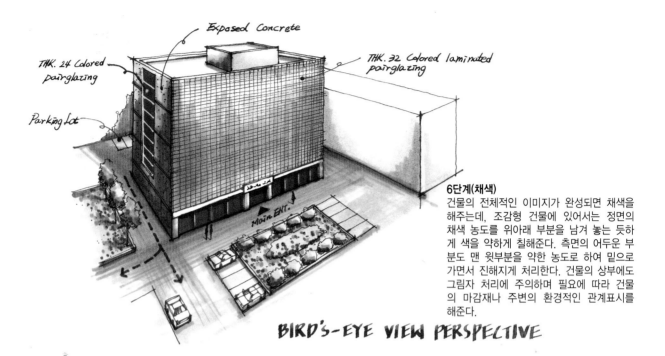

Exposed Concrete

THK. 24 Colored pairglazing

THK. 32 Colored laminated pairglazing

Parking Lot

Main ENT.

6단계(채색)

건물의 전체적인 이미지가 완성되면 채색을 해주는데, 조감형 건물에 있어서는 정면의 채색 농도를 위아래 부분을 남겨 놓는 듯하게 색을 약하게 칠해준다. 측면의 어두운 부분도 맨 윗부분을 약한 농도로 하여 밑으로 가면서 진해지게 처리한다. 건물의 상부에도 그림자 처리에 주의하며 필요에 따라 건물의 마감재나 주변의 환경적인 관계표시를 해준다.

BIRD'S-EYE VIEW PERSPECTIVE

■ 도법을 배제한 러프라인 스케치 이미지

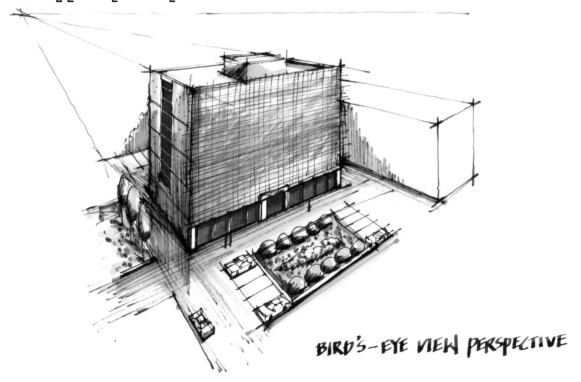

BIRD'S-EYE VIEW PERSPECTIVE

인테리어 스케치를 위한 간략도법

■ 1소점 실내투시

실내의 내부를 들여다보았을 때 보여지는 정면의 벽이 평행하게 보여지는 구도가 1소점법이다. 즉, 관찰자의 눈높이를 기준으로 정면의 벽에 하나의 소점이 생겨나고 그 소점을 향해 모든 입체물들의 흐름선이 생겨난다.

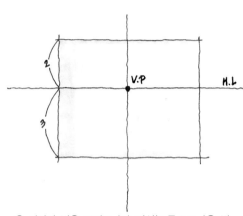

① 정면의 벽을 그리고 눈높이선(보통 1.5m)을 벽 높이 2:3 비율의 위치에 잡은 다음 소점의 위치를 결정한다.

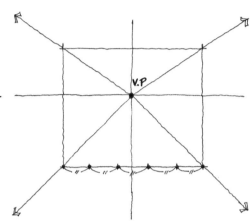

② 소점을 기준으로 소점과 연결되는 각 모서리의 벽선을 그어준다. 그리고 바닥에 그리드(격자)를 만들기 위해 등 간격으로 눈금을 찍는다.

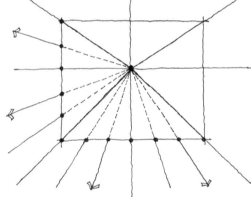

③ 각 점들을 소점과 연결되는 흐름에 맞춰 그어준다. 벽면도 같은 방법으로 등거리로 눈금을 찍어주면 높이를 측량할 수 있는 기준선을 만들 수 있다.

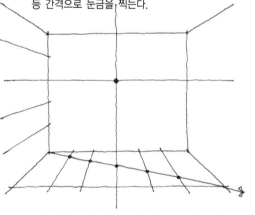

④ 바닥면의 깊이를 임의로 면적을 결정해 시작점과 끝점을 대각선으로 연결해 각 선들의 교점을 찾는다.

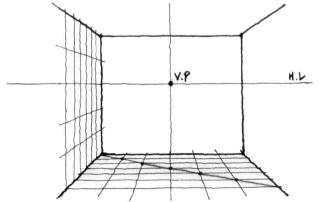

⑤ 만들어진 교점들을 수평으로 연결하면 바닥면에 그리드(Grid)가 만들어지게 되는데 이 그리드가 물체의 가로, 세로의 크기를 결정할 수 있는 치수의 기준이 된다.

※ 벽과 바닥이 만나는 모서리 선과 바닥의 수평선이 만나는 점에서 선을 수직으로 올려 그으면 벽면에 그리드가 만들어져 물체의 높이를 측량할 수가 있다(스케치에 있어서의 그리드는 치수를 임의로 결정한다. 즉, 1칸을 30cm로 기준을 잡으면 30cm가 되고 또 1m를 기준 잡으면 1m가 되는 것이다).

1소점 닐내 간략도법 예계

다음 평면과 입면을 보고 입체물의 박스를 내부 공간에 그려보자. 그리드의 1칸 치수는 500mm로 하고 물체의 높이는 평면상에 주어져 있고, 벽의 높이는 입면에서 찾는다(사용되는 치수 단위는 mm이다).

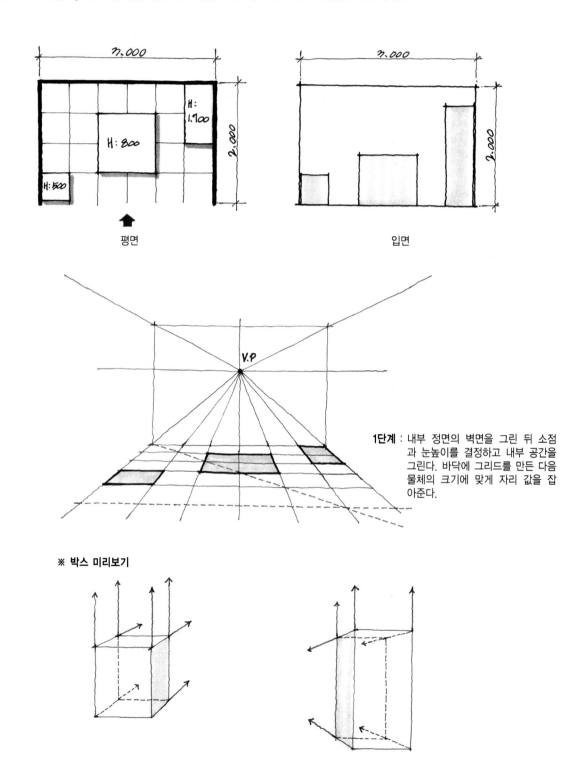

평면

입면

1단계 : 내부 정면의 벽면을 그린 뒤 소점과 눈높이를 결정하고 내부 공간을 그린다. 바닥에 그리드를 만든 다음 물체의 크기에 맞게 자리 값을 잡아준다.

※ **박스 미리보기**

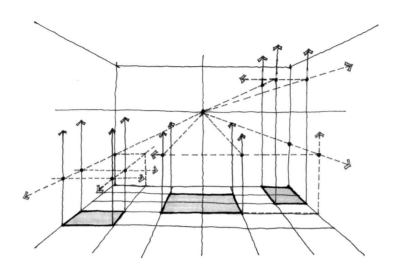

2단계 : 각각 박스의 자리 값(모서리)에서 높이를 잡아주기 위해 수직으로 보조선을 올려준다. 박스의 가로 세로 크기는 바닥에서 결정됐지만 높이는 바닥에서 측량할 수 없으므로 정면에 보이는 수직의 벽모서리선에서 높이를 측량한다. 소점에서 측량된 점을 지나는 선을 그려주면 벽면에 높이를 잡아줄 수 있는 선이 생기는데 이 선과 박스에서 벽을 타고 올라간 선이 만나는 점이 박스의 높이 측량점이 되고 그 점에서 다시 박스가 있는 위치로 선을 그어주면 실제 박스에서 수직으로 올라간 선과 만나게 되는데 이 교점들이 박스의 실제 높이가 된다. 왼쪽에 있는 박스는 왼쪽 벽에서, 오른쪽에 있는 박스는 오른쪽에서 측량한다. 가운데 있는 박스는 좌우 벽 어느 곳에서 측량하든 상관이 없다.

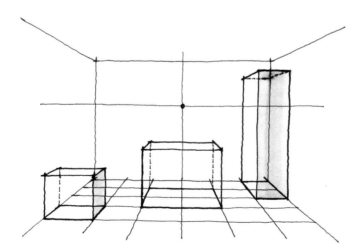

3단계 : 각 박스들의 높이 값을 잡은 교점들이 모두 찾아지면 선으로 보여 지는 외곽선을 그려주어 입방체를 완성한다. 실제 스케치를 할 때에는 이렇게 박스가 만들어지면 그 박스의 내부에 해당되는 물체를 그려주면 된다.

■ 2소점 실내투시

2소점 실내 투시는 소점이 2개가 형성되는 구도로 단일시점에서 내부를 한눈에 관찰을 할 수 없는 경우, 다시 말해서 실내 내부의 벽 모서리(코너)를 기준으로 바라보았을 때 좌측과 우측의 2개 시점이 있어야 하는 구도를 말한다. 1소점이 3면의 벽을 볼 수 있는데 반해 2소점은 2개의 벽면이 보인다는 단점은 있으나 1소점을 변형하여 2소점으로 활용하는 경우도 있고 실제 실무적으로도 많이 사용되는 구도이다.

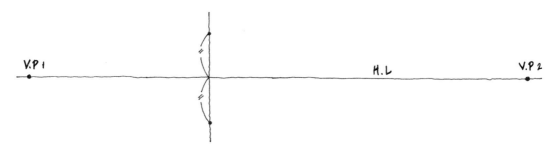

① 눈높이 선을 설정한 다음 소점을 양쪽 하나씩 2개를 정한다. 그런 다음 그릴 위치에 벽 모서리 선을 잡아주는데 소점과의 거리를 한쪽은 가깝게 한쪽은 조금 멀게 설정한다. 정 가운데를 잡아도 무관하지만 보여지는 벽면적의 차이를 알기 위해 거리를 조금 다르게 잡는다.
벽의 높이는 눈높이 선을 기준으로 일정한 그리드를 만들기 위해 상하 등거리로 잡는다.

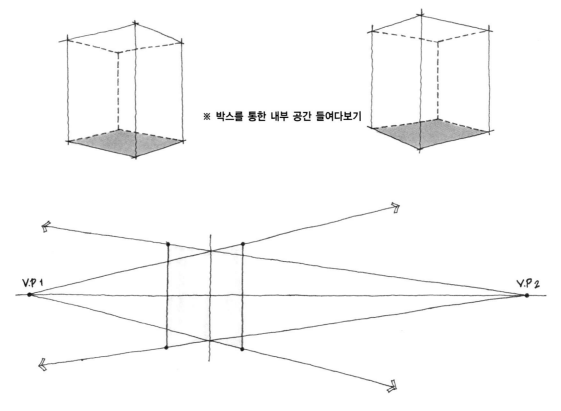

※ 박스를 통한 내부 공간 들여다보기

② 소점의 흐름에 맞춰 양쪽의 벽선을 위 아래로 그어준 다음 벽의 시작 면적을 결정할 때 소점거리가 짧은 쪽의 면적은 넓게, 소점거리가 긴 쪽은 좁게 잡아준다. 왜냐하면 벽선의 기울기가 완만한 쪽은 넓게 보이고 벽선의 기울기가 급한 쪽은 벽 면적이 좁게 보이기 때문이다.

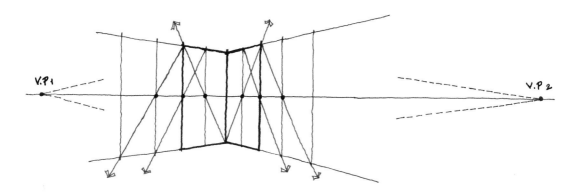

③ 기준으로 설정한 벽면에서 대각선을 그어 만난 교점에서 수직으로 선을 그은 다음 또다시 대각선을 계속 반복하여 필요한 만큼의 면적을 늘려준다(수직으로 등분된 한 칸 한 칸이 바로 그리드의 폭이 된다)

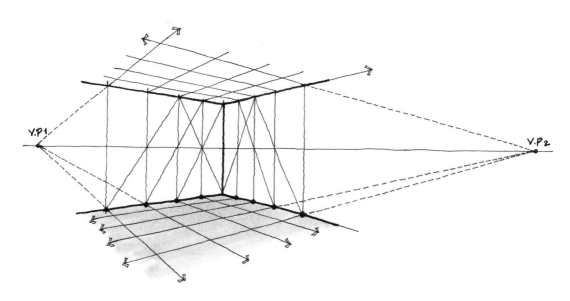

④ 바닥과 벽이 만난 선에서 수직으로 내려 그은 선과의 교점을 소점방향과 연결해 주면 바닥면에 그리드가 만들어지게 된다. 천정 면 또한 바닥 그리드를 잡는 것과 같은 원리로 선을 연결해 주면 그리드를 만들 수가 있다.

2소점 닐내 간략도법 예계

2소점 간략도법의 원리를 바탕으로 다음의 예제를 그려보자. 2소점 도법에서는 소점거리가 종이면 밖으로 벗어날 정도로 멀어서 1소점과는 다르게 소점의 흐름을 손으로 잡기가 어렵기 때문에 실제 스케치에서는 눈의 감각을 빌어 찾아내야 한다.

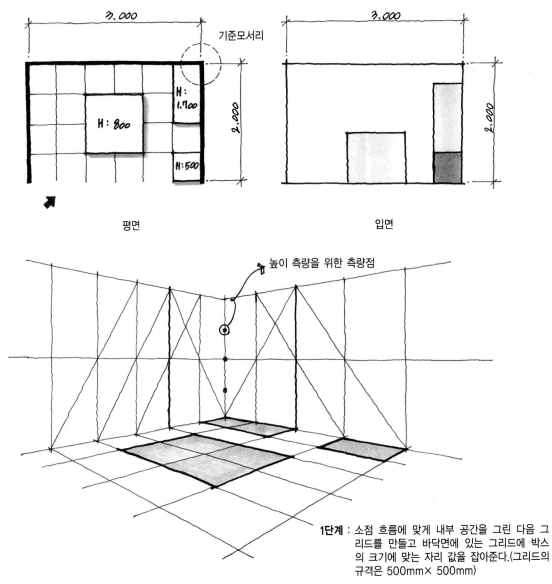

1단계 : 소점 흐름에 맞게 내부 공간을 그린 다음 그리드를 만들고 바닥면에 있는 그리드에 박스의 크기에 맞는 자리 값을 잡아준다.(그리드의 규격은 500mm× 500mm)

※ 2소점의 벽선 소점방향 흐름보기

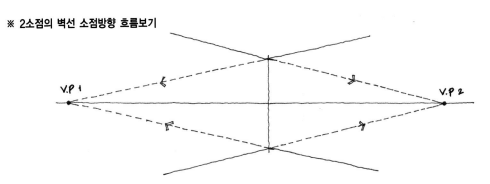

2단계 : 각각의 박스 자리 점 모서리에서 높이를 잡아주기 위한 수직보조선을 올려 긋는다.

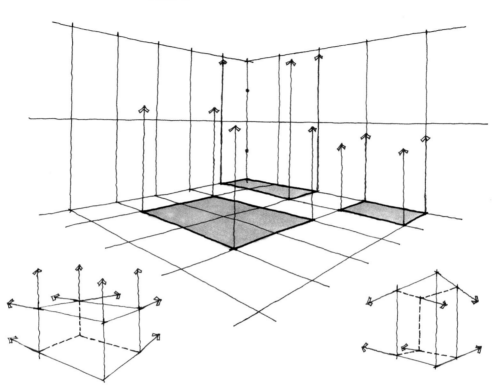

3단계 : 2소점 투시에서도 벽의 방향만 다르게 보일 뿐 박스를 그려주는 원리가 1소점과 같다. 즉, 벽에서 측량된 높이 점을 지나가게 소점에서 선을 그어주고 박스의 자리에서 바닥을 타고 벽선까지 선을 연장하여 벽을 타고 올라가는 선을 그으면 만나게 되는 교점이 높이 값이다. 여기서 양쪽의 소점방향에 유의하여 좌우로 선을 연결하면 실제 박스의 자리에서 만나는 교점을 찾을 수가 있다.

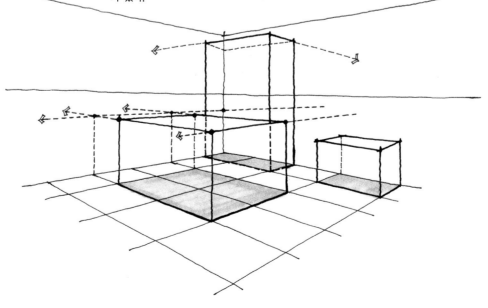

실내 투시도에서의 눈높이 설정 방법

실내 내부를 스케치 하거나 드로잉을 할 때 보여주고 싶은 부분을 강조하기 위해 눈높이와 소점의 위치를 다르게 설정할 수 있다. 아래의 그림을 보고 눈높이와 소점 위치에 따른 내부공간의 변화를 살펴보고 스케치를 연습할 때 활용해 보기 바란다.

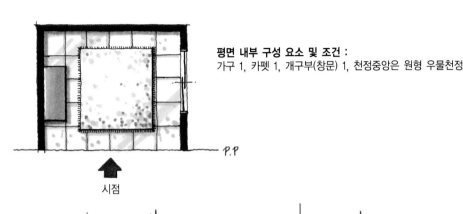

평면 내부 구성 요소 및 조건 :
가구 1, 카펫 1, 개구부(창문) 1, 천정중앙은 원형 우물천정

시점

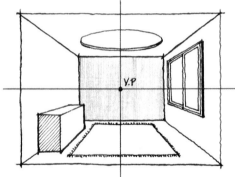

눈높이를 내부의 정 중앙에 설정한 경우 : 천정을 포함한 모든 벽이 고르게 보이고 물체의 모양도 안정되게 보여진다.

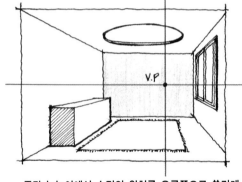

중간 눈높이에서 소점의 위치를 오른쪽으로 쏠리게 설정한 경우 : 좌측의 벽면을 강조하기 위해서 소점을 오른쪽으로 이동한 경우인데 소점에 가까운 벽면이 심하게 줄어들어 보인다.

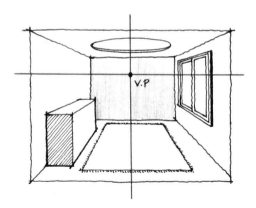

눈높이를 평균보다 높게 잡은 경우 : 천정 면이 납작해 보이고 바닥에 놓여진 물체들의 면적이 크게 보인다. 이것은 바닥 쪽의 물체들을 강조해서 그려주기 위한 경우에 적용된다.

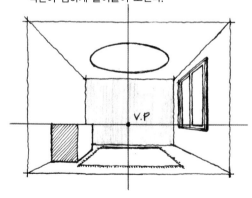

눈높이를 아주 낮게 설정한 경우 : 호텔 로비같이 천정고가 아주 높은 실에서 적용할 수 있는데 바닥보다는 천정 면을 강조하기 위해 적용한다.

실내 내부의 벽과 바닥의 채색 표현

　실내 내부의 깊이감이나 원근감의 효과를 위해 톤의 조절을 해준다. 펜으로 처리할 때에는 안쪽의 선 간격을 조밀하게 시작해서 밖으로 나올수록 선의 간격을 넓게 해 줌으로써 깊이감이나 원근감을 줄 수 있다. 그리고 마커나 색연필로 표현할 때에는 각 벽면의 모서리에 그림자의 여운이 생기므로 색을 넣어주고 수직벽면은 천정에서 조명이 비치는 효과를 위해 윗부분을 남겨두고 바닥으로 내려가면서 서서히 진하게 칠해준다. 개략적으로 칠해줄 때는 수직보다는 사선방향으로 칠해주는 것이 좋다.

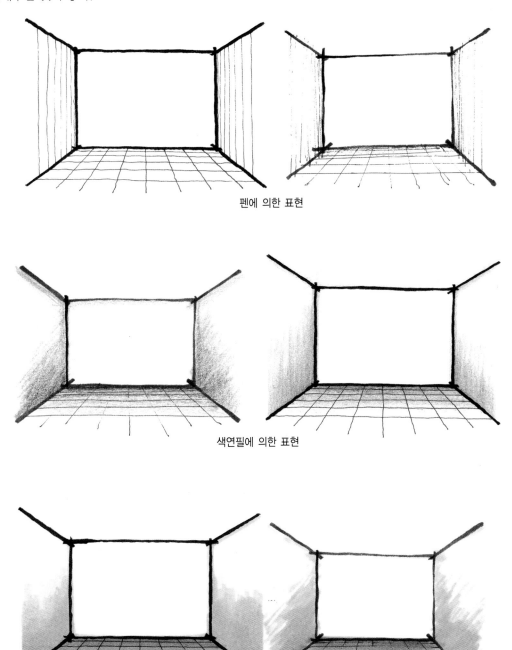

펜에 의한 표현

색연필에 의한 표현

마커에 의한 표현

실내 간략도법 응용예제(1소점 실내 간략도법 응용예제)

실내 간략도법의 기본 원리를 응용하여 다음 편면과 입면을 조건으로 실내 내부 스케치를 해보자(관찰자의 시점은 가운데서 보는 것으로 한다. 그리드 규격은 500mm× 500mm).

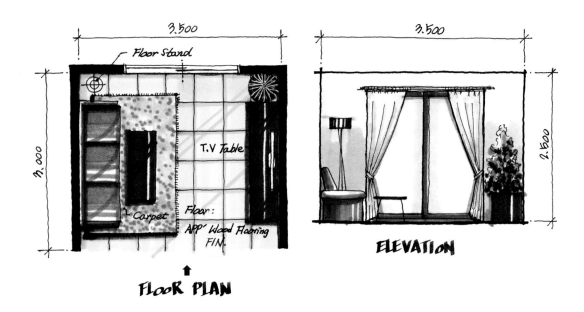

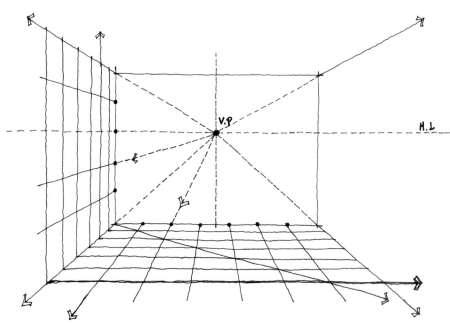

1단계 : 정면으로 보이는 벽(입면)을 그리고 눈높이와 소점을 결정하여 내부 공간을 만들고 바닥의 면적을 임의로 결정한 뒤 그리드를 만들어 준다(폭이나 높이를 측량하기 위한 점들을 표시해 두면 그리기에 편리하다).

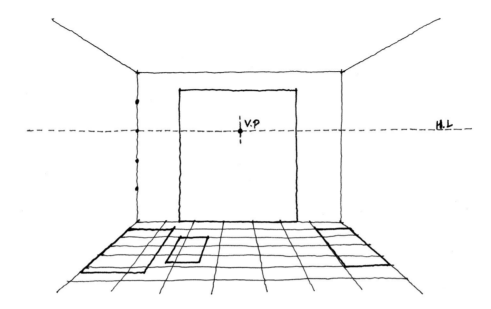

2단계 : 평면상의 물체의 크기를 보고 해당 물체의 위치와 자리 값을 잡아준다. 물체의 치수가 그리드 선을 넘거나 모자라면 그 그리드 안에서 대략적으로 잡아주면 된다.

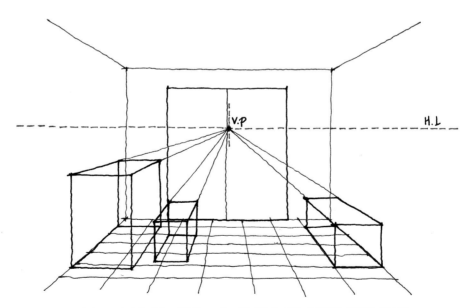

3단계 : 도법에서 배운 내용을 토대로 물체의 높이를 측량하여 각각의 박스를 그려준다. 그리고 창문의 폭과 높이를 설정하여 전체의 외곽선을 그려준다.

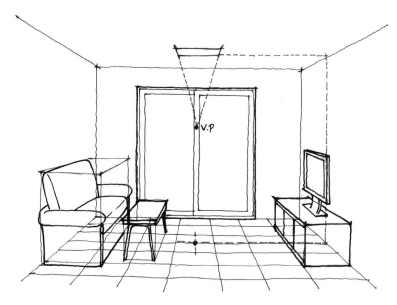

4단계 : 박스가 완성되면 이젠 그 내부에 해당 가구들을 그려주고 창문도 프레임과 문짝선들을 정리하며 그려준다. 천정의 조명도 바닥에서 그 위치를 찾아 벽을 타고 천정으로 올라가면 쉽게 찾을 수 있다.(그리드는 원래 전 벽에 똑같은 비율로 만들어지는 것이기 때문에 선 하나만 찾아도 다른 면의 같은 위치를 찾을 수가 있는 것이다)

5단계 : 커튼이나 화분, 기타 가구와 소품들을 구체적으로 그려주고 정리한다.

6단계(채색) : 채색순서는 우선 배경색(바닥, 벽)을 먼저 칠해주고 면적이 큰 가구부터 채색해 나간
다 → 커튼이나 천 재질의 직물류를 칠해주고 화분이나 기타 소품을 칠해준다. → 조
명의 색감을 넣어주고 빛의 방향을 고려해서 벽면에 있는 액자나 가구들의 그림자를
칠해준다.(참고로 천정 면은 실내에서 반사가 가장 심한부분이므로 약하게 색감만을
넣어주고 벽의 상부도 천정 의 다음 순서로 반사가 많기 때문에 밝게 남겨두고 바닥
쪽으로 갈수록 진하게 처리해준다)
가구의 측면부도 바닥에 비치는 이미지가 있으므로 바닥 색 계통에서 진한 색으로 수
직으로 칠해준다.

■ 도법을 배제한 러프라인 이미지

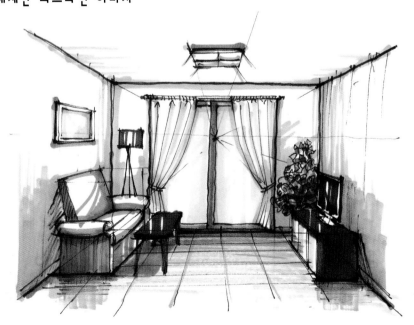

2소점 실내 간략도법 응용예계

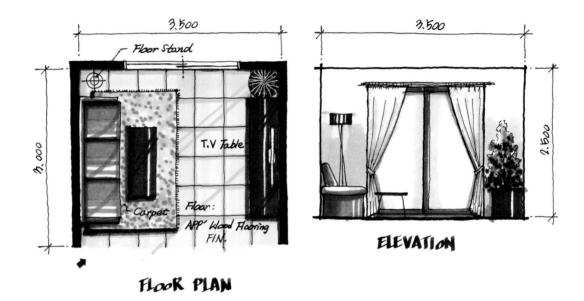

FLOOR PLAN

ELEVATION

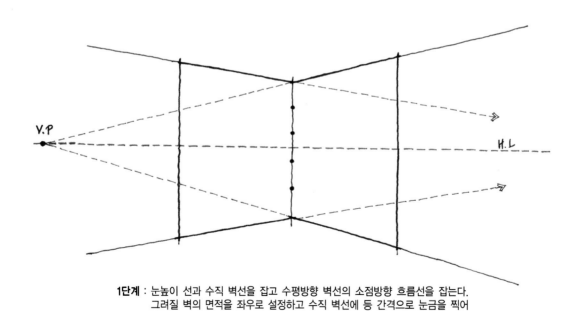

1단계 : 눈높이 선과 수직 벽선을 잡고 수평방향 벽선의 소점방향 흐름선을 잡는다.
그려질 벽의 면적을 좌우로 설정하고 수직 벽선에 등 간격으로 눈금을 찍어
둔다.

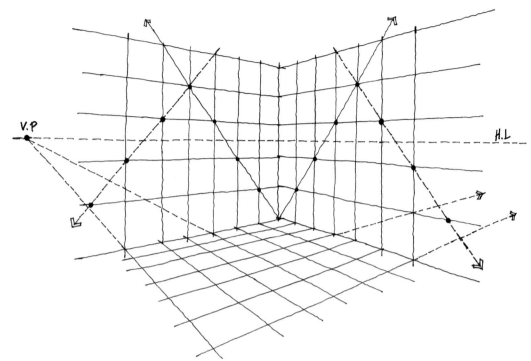

2단계 : 수직 벽선의 측량점을 기준으로 양쪽 벽면의 소점 방향 흐름선을 잡아주고 처음에 설정한 면을 대각선으로 연결해주면 수평선과의 교점으로 수직선을 그어 벽면과 바닥 면에 그리드를 만들 수 있다. 면적을 더 늘리려면 반대 방향으로 교차되는 대각선을 그어 수평으로 나뉜 선과의 교점을 찾아 증식한다.

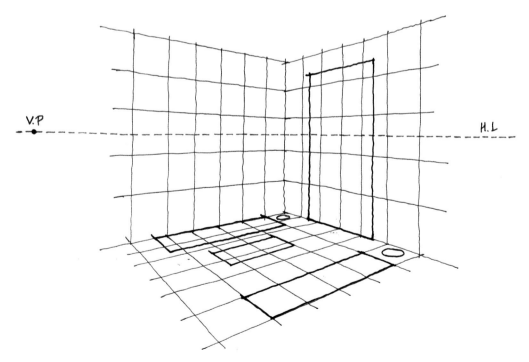

3단계 : 바닥에 그리드가 완성되면 가구의 자리 값을 잡아주고 창문의 위치와 크기를 잡아준다.

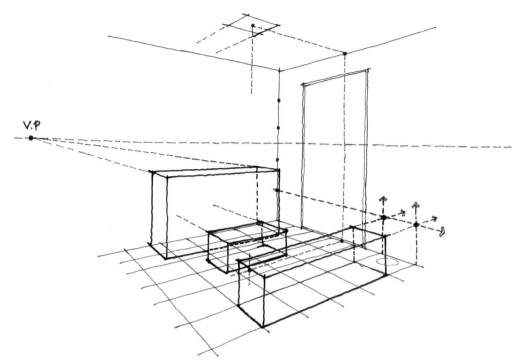

4단계 : 가구의 자리 값에서 수직으로 선을 올려 벽 모서리선의 측량 점으로 높이를 결정하여 소점의 흐름선을 이용해 박스를 만들어준다. 아래의 그림처럼 박스가 벽에 붙어있지 않고 떨어져 있는 경우에는 박스의 위치에서 보조선을 벽으로 연장한 뒤 벽 모서리의 측량 점에서 출발하는 선과 만나는 점을 높이로 측량할 수 있다. 조명도 마찬가지로 바닥에서 위치를 잡아 벽을 타고 올라가면 위치를 쉽게 찾을 수 있다.

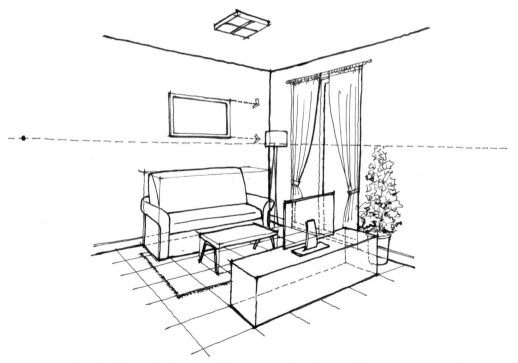

5단계 : 박스가 완성되면 구체적인 가구의 모습을 그려주고 커튼이나 기타 소품들을 그려주고 완성한다.

6단계(채색) : 전체적인 그림이 완성되면 배경색(바닥, 벽)을 시작으로 면적이 넓은 가구부터 칠해 나간다. 반사되는 부분을 고려해 여백을 남겨두고 벽의 밑 부분으로 갈수록 색의 농도가 진해지도록 조절해 준다. 마무리 정리를 할 때 가구가 바닥에 비치는 이미지와 그림자, 그리고 벽면의 그림자 표현에 주의한다.

■ 도법을 배제한 러프라인 이미지

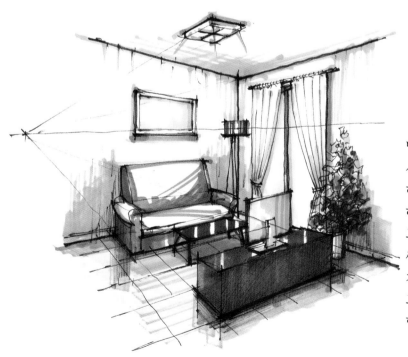

필자의 한마디…

지금까지 여러분은 스케치를 하기 위한 기본적인 표현 방법과 건물과 내부 구성, 그리고 입체물의 형태잡기에서 입체공간의 구도를 잡고 묘사해주는 기본 요령을 익혀 보았다. 무슨 일이든 다 마찬가지겠지만, 기초가 부실하면 응용력도 생기질 않는 것이다. 많은 욕심을 내는 것보다 차근차근 반복해서 연습하고 또 실수를 거듭함으로써 하나의 자기만의 스타일이 만들어지는 것이다. 스케치의 스타일에는 정석이 없다. 바로 여러분 스스로가 만드는 것이다. 자꾸만 자꾸만 그려보자. 그게 스케치를 잘 할 수 있는 가장 좋은 방법이다.

Chapter 05

건축·인테리어 스케치 이미지 모음

지금까지 여러분들은 스케치의 기초적이면서도 기본적인 내용들을 공부해 왔다. 다시 강조하지만 선을 통한 형태의 비례를 잡아내고 사물의 흐름을 찾아내며 그 기본적인 성질을 묘사하는 것은 매우 중요하고 또 반복적으로 숙련시켜야 한다. 다양한 이미지를 그린다고 실력이 향상되는 것은 아니다. 한 컷의 이미지를 그려도 그 이미지의 비례적인 형태감이나 공간감이 결여되어 있다면 아무리 빨리 그린다 해도 시각적인 의미전달의 효과를 만들어낼 수가 없을 것이다. 이 책은 여러분들의 스케치 기초를 다져주는 책으로 만들어졌다. 따라서 처음부터 성급하게 너무 많은 욕심을 내지 말고 우선은 천천히 그리면서 형태감과 공간감을 익히는 것에 중점을 두어야 한다. 그런 인고의 과정이 자꾸만 반복되게 되면 스피드 감 있는 손놀림의 테크닉은 여러분의 것이 될 것이다.

따라서 본 단원에서는 건축과 인테리어 부분을 한데 모아 공간감을 익힐 수 있는 몇 가지 건물과 실내 내부의 이미지를 모아 놓았다. 비전공자나 초보자를 위한 형평성을 위해 건물 외부나 실내 내부의 마감재 표시나 기타 요소들은 생략하고 있으므로 전공자나 실무자들의 양해를 바라며, 우선 중요한 것은 형태비례를 잡고 공간을 구성하는 표현능력 배양에 있다는 것에 중점을 두고 반복적인 연습을 하기 바란다. 참고로 처음 그리기 시작할 때에는 펜보다는 먼저 연필로 개략적인 밑그림(연필 본)을 그려본 후에 펜으로 작업하는 것이 좋다. 펜은 수정하기가 곤란하기 때문에 항상 연필로 먼저 연습을 해보도록 한다.

펜에 의한 이미지 표현(건축)

KDI Building

Office Building in Japan

마커채색에 의한 이미지 표현

KDI Building

Office Building in Japan

펜에 의한 이미지 표현(실내)

Hotel   Twin room

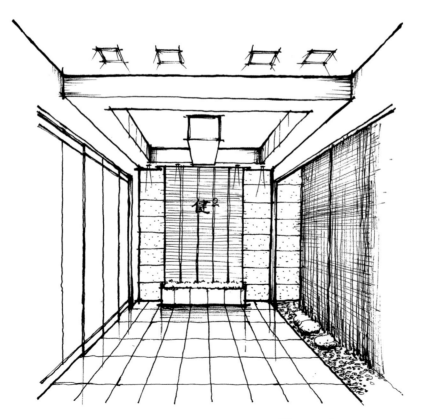

Fusion Restaurant Main Entrance

마커채색에 의한 이미지 표현

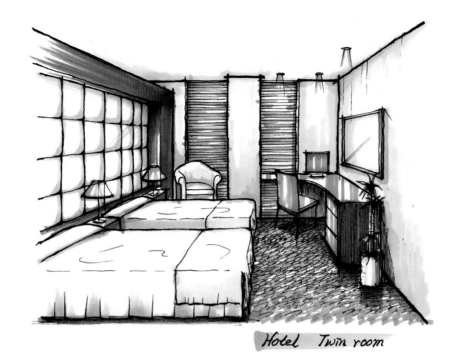

Hotel Twin room

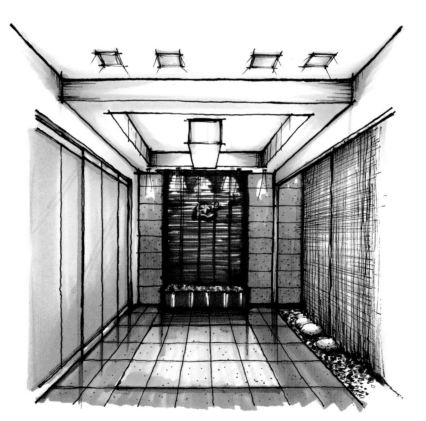

Fusion Restaurant Main Entrance

펜에 의한 이미지 표현(건축)

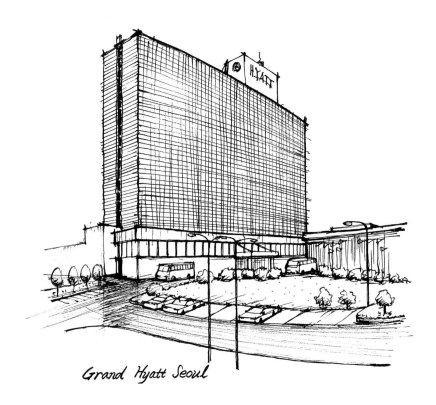

Grand Hyatt Seoul

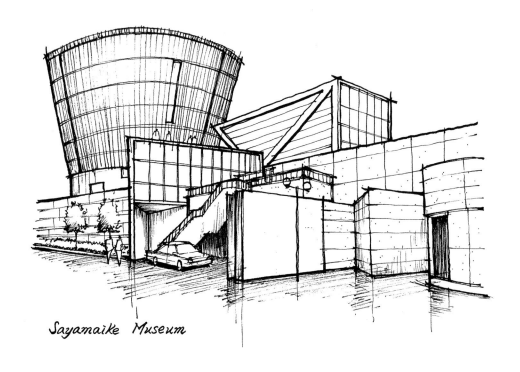

Sayamaike Museum

마커채색에 의한 이미지 표현

Grand Hyatt Seoul

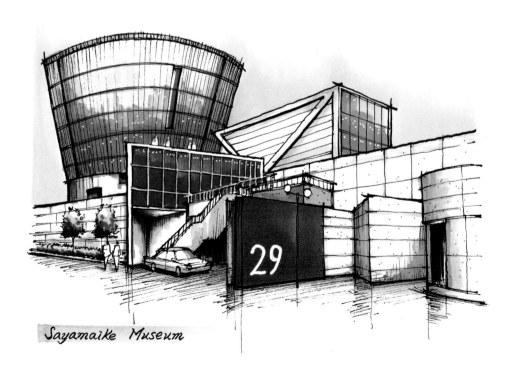

Sayamaike Museum

펜에 의한 이미지 표현(실내)

Guestroom

Livingroom

마커채색에 의한 이미지 표현

Guestroom

Livingroom

펜에 의한 이미지 표현(건축)

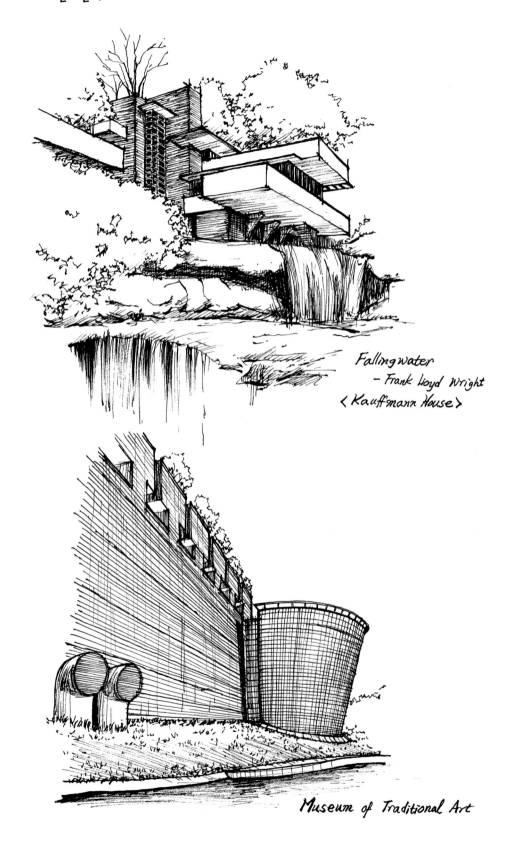

Fallingwater
- Frank Lloyd Wright
⟨ Kauffmann House ⟩

Museum of Traditional Art

마커채색에 의한 이미지 표현

Fallingwater
- Frank Lloyd Wright
〈 Kauffmann House 〉

Museum of Traditional Art.

펜에 의한 이미지 표현(실내)

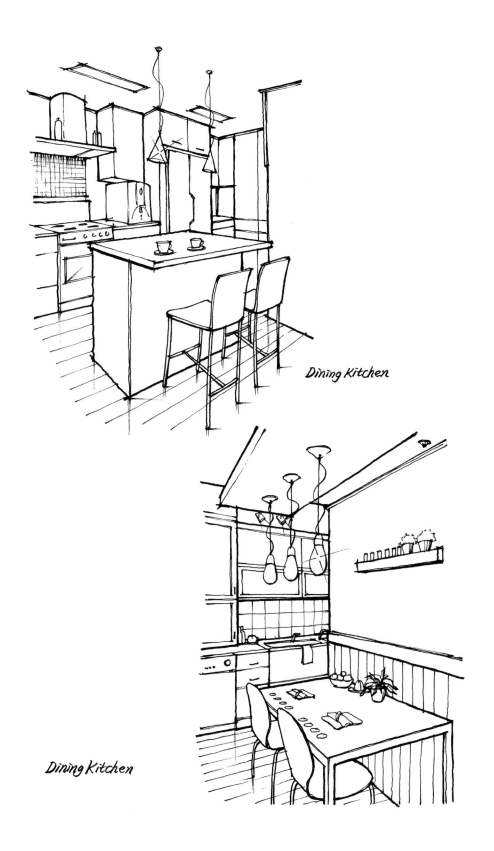

Dining Kitchen

Dining Kitchen

마커채색에 의한 이미지 표현

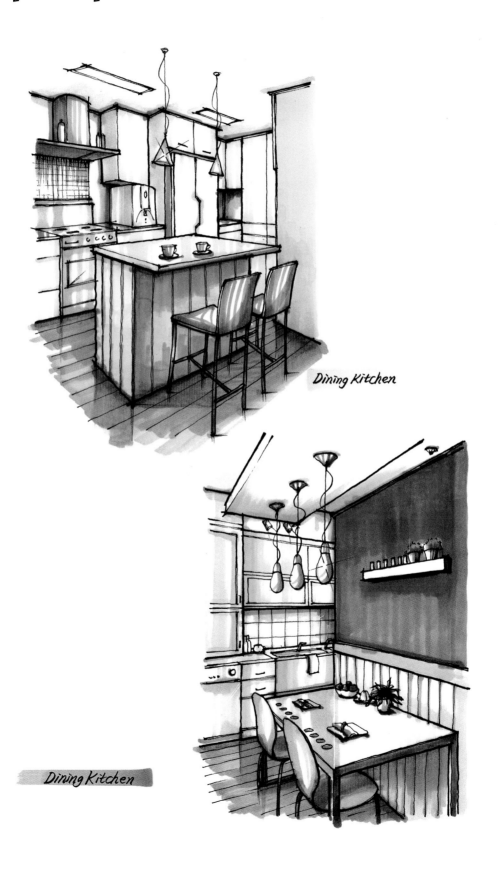

Dining Kitchen

Dining Kitchen

펜에 의한 이미지 표현(건축)

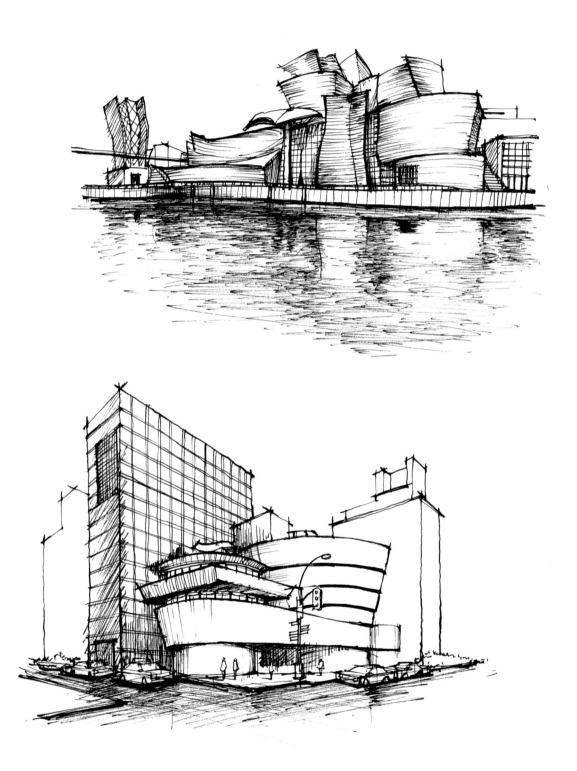

마커채색에 의한 이미지 표현

Guggenheim Bilbao

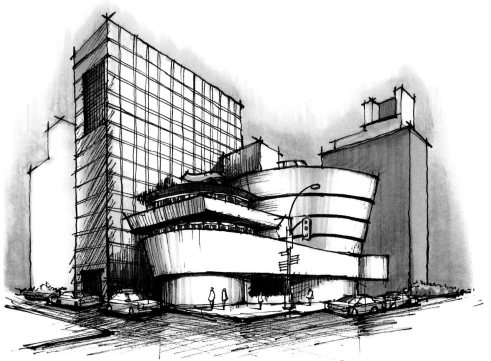

The Solomon R. Guggenheim Museum

펜에 의한 이미지 표현(실내)

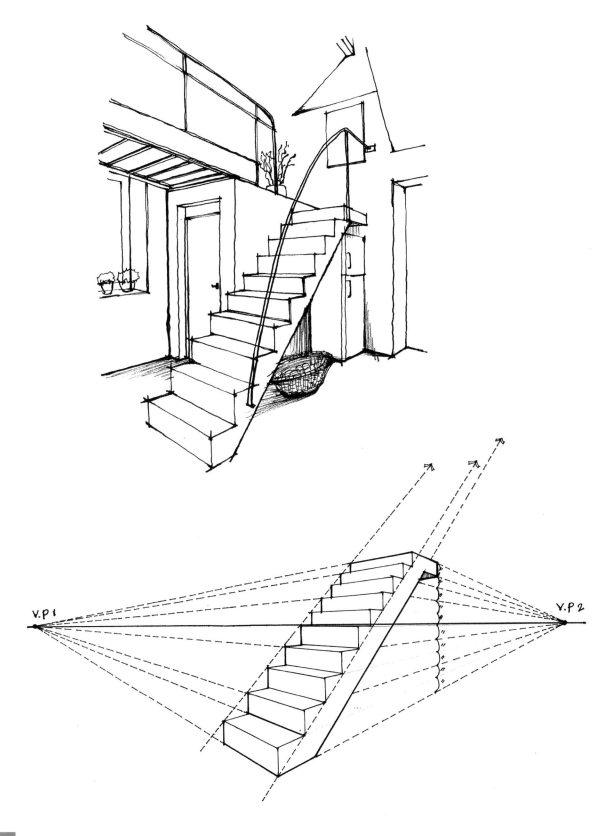

마커채색에 의한 이미지 표현

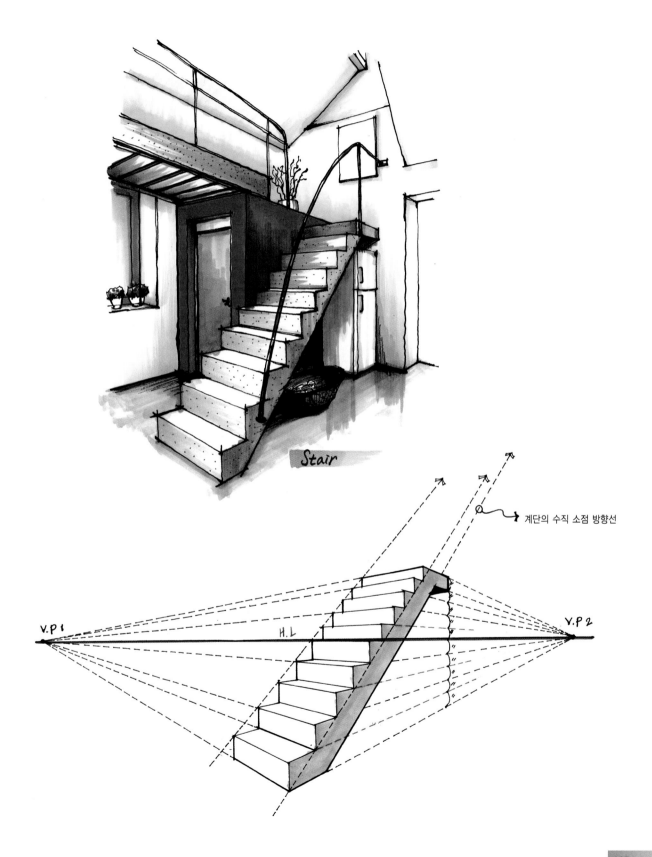

Stair

계단의 수직 소점 방향선

V.P 1

H.L

V.P 2

펜에 의한 이미지 표현(건축)

Housing

마커채색에 의한 이미지 표현

Housing

펜에 의한 이미지 표현(실내)

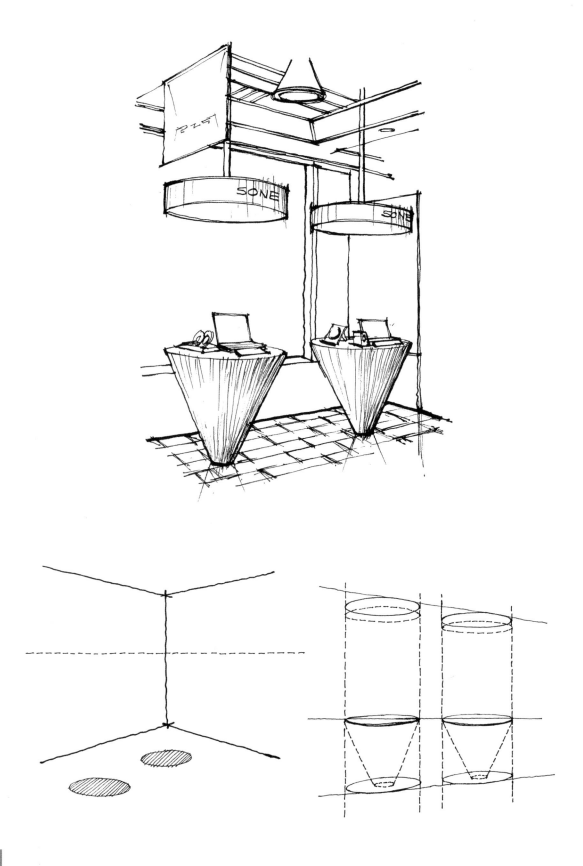

마커채색에 의한 이미지 표현

Displayroom

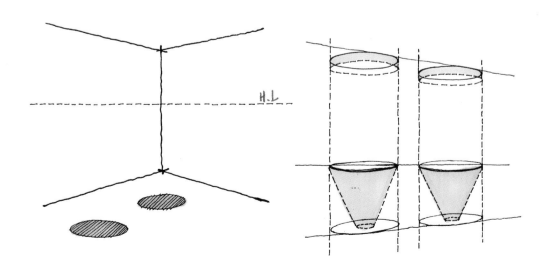

펜에 의한 이미지 표현(실내)

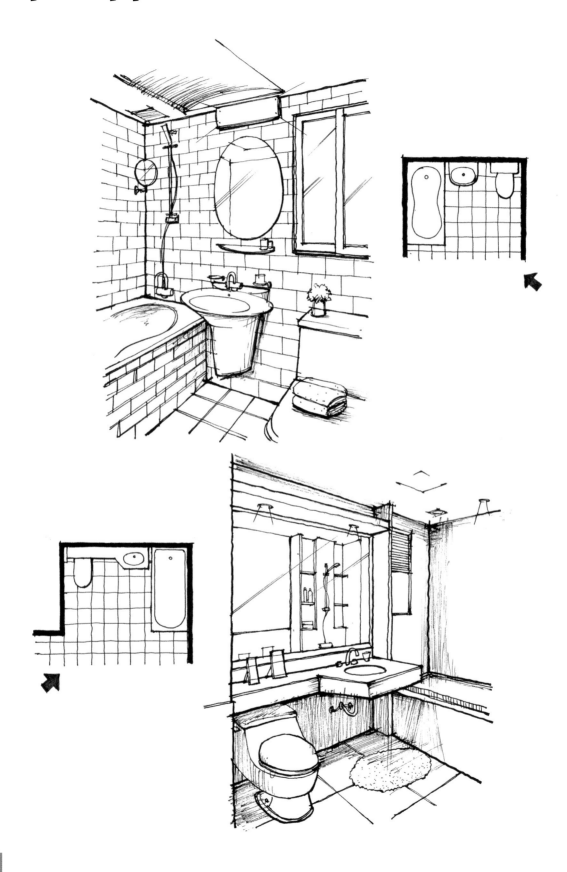

마커채색에 의한 이미지 표현

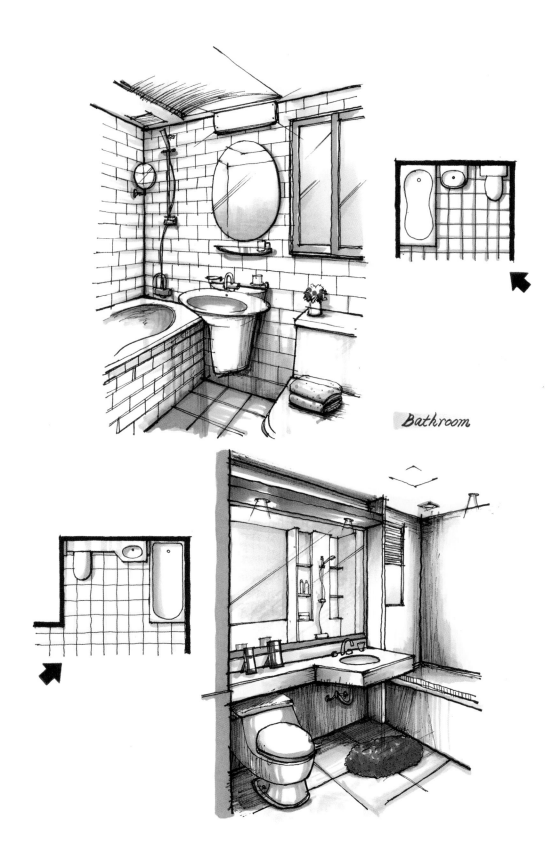

Bathroom

스케치와 렌더링을 위한 밑그림 소스

건축과 인테리어 분야의 종사자나 전공, 비전공 학생들의 렌더링 연습과 채색을 해 볼 수 있는 관련 요소들의 밑그림들이다. 가능하면 여러분들이 대상물에 대한 실물적인 비례감과 질감들을 접해볼 수 있는 것으로 디테일하게 작업되었으며, 이를 통해 기본적으로 표현되어져야 할 사실감을 접해 봄으로써 차후에는 그 이미지의 머릿속 연상 작용으로 인해 비례적이고 개략적인 사물의 표현을 하는데 도움을 줄 것이다. 아울러 투시도와 렌더링 작업시 밑그림으로 활용될 수 있고, 복사본을 만들어 채색이나 디자인 이미지를 위한 소스로 활용하기 바란다.

이 책은 여러분들의 현장감 있는 스케치를 위한 전초 단계로서 구성되어 있기 때문에 지금까지의 자료들을 토대로 스케치 및 렌더링을 위한 기본기를 충실하게 반복해서 익힌다면 스케치가 어렵다는 두려움이 사라질 것이다. 여러분들도 꼭 알아두어야 할 것은 디테일 하게 그릴 수가 있는 사람은 러프하게(빠르게)도 그릴 수 있다는 것이다. 반복된 훈련이 낳는 거짓없는 진실을 늘 기억하길 바란다. 스케치의 왕도는 없다. 꾸준한 연습과 밑그림을 많이 그려보는 것만이 전문가가 되는 지름길이다.

의자

Barcelona Chair and ottoman

소파

인물

조명

커튼

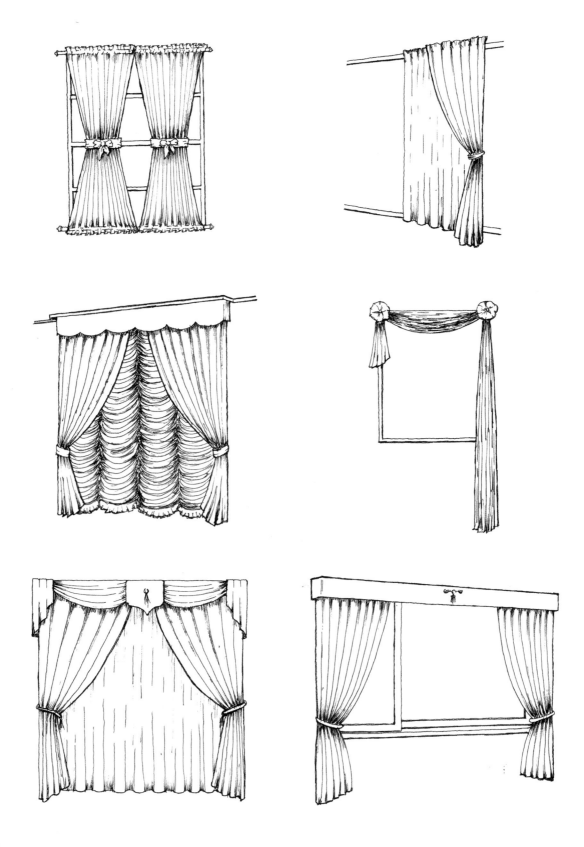

위생기구

실내수목

조경수목 1

조경수목 2

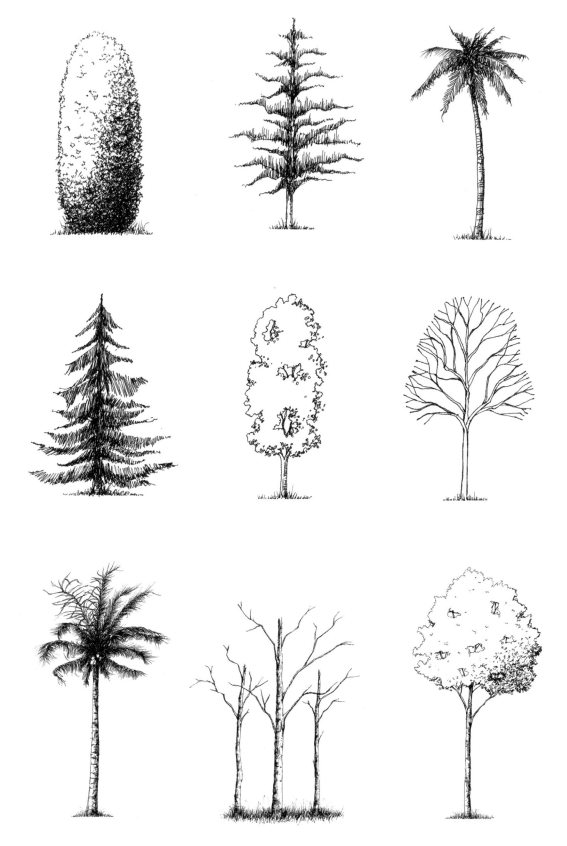

조경수목(평면)

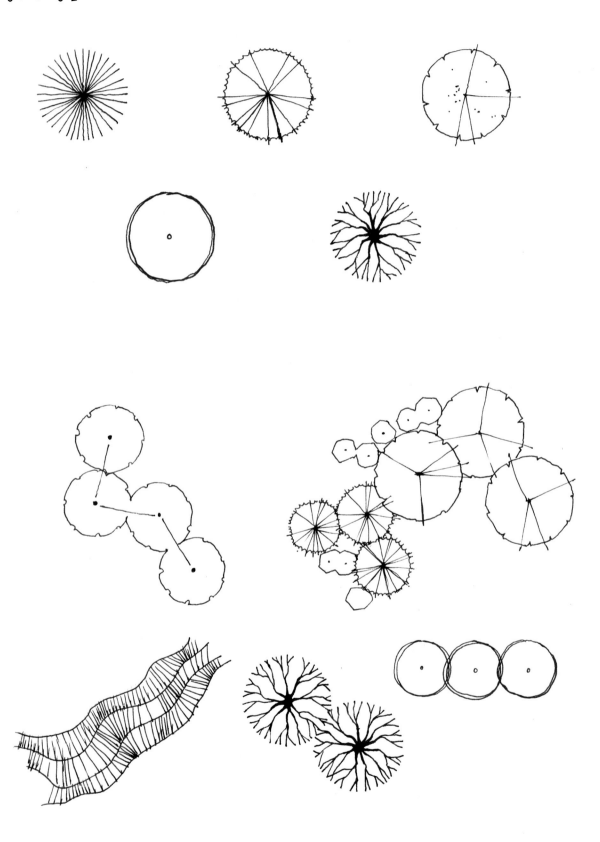

자연석 (조경)

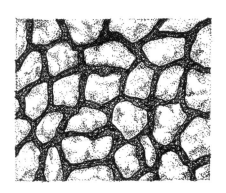

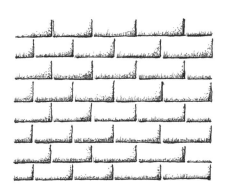

건축, 인테리어 스케치의 기초

1판 1쇄 인쇄 2007년 2월 5일   1판 1쇄 발행 2007년 2월 10일
1판 6쇄 인쇄 2016년 4월 5일   1판 6쇄 발행 2016년 4월 10일

저   자 박진영
발 행 인 이미옥
발 행 처 디지털북스
정   가 28,000원

등 록 일 1999년 9월 3일
등록번호 220-90-18139
주   소 (04987)서울 광진구 능동로 32길 159
전화번호 (02) 447-3157~8
팩스번호 (02) 447-3159

저자 협의
인지 생략

ISBN 978-89-6088-036-8

DIGITAL BOOKS
www.digitalbooks.co.kr